OPUSCULES ENTOMOLOGIQUES

PAR

E. MULSANT,

Sous-Bibliothécaire de la ville de Lyon,
Professeur d'Histoire naturelle au Lycée,
Membre de l'Académie des sciences, belles-lettres et arts,
des Sociétés d'Agriculture, Linnéenne, et Littéraire de la même ville;
Membre honoraire de la Société Entomologique de Stettin,
Correspondant des Sociétés des Sciences de Lille, des Naturalistes de Moscou,
de Halle, de Basle, d'Altenbourg, etc., etc.

TROISIÈME CAHIER.

PARIS.
L. MAISON, LIBRAIRE, RUE CHRISTINE, 3.

1853.

OPUSCULES

ENTOMOLOGIQUES.

Lyon. — Imprimerie de F. DUMOULIN, rue Centrale, 20.

OPUSCULES

ENTOMOLOGIQUES

PAR

E. MULSANT,

Sous-Bibliothécaire de la ville de Lyon,
Professeur d'Histoire naturelle au Lycée,
Membre de l'Académie des sciences, belles-lettres et arts,
des Sociétés d'Agriculture, Linnéenne, et Littéraire de la même ville;
Membre honoraire de la Société Entomologique de Stettin,
Correspondant des Sociétés des Sciences de Lille, des Naturalistes de Moscou,
de Halle, de Basle, d'Altenbourg, etc., etc.

TROISIÈME CAHIER.

LYON.
IMPRIMERIE F. DUMOULIN, LIBRAIRE,
rue Centrale, 20.

1853.
1854

A MONSIEUR GEORGE SCHIOEDTE,

CONSERVATEUR DU MUSÉUM D'HISTOIRE NATURELLE DE COPENHAGUE,

Membre de l'Académie des Sciences de la même ville,

etc., etc., etc.

MONSIEUR,

Vos bienveillantes communications m'ont été si utiles pour mes travaux, qu'en vous adressant ces pages, je n'ai pas la pensée de me croire libéré envers vous; ce serait m'être acquitté à trop bon compte. Puissiez-vous du moins voir dans cet hommage un témoignage de ma reconnaissance, et l'assurance nouvelle des sentiments affectueux avec lesquels

J'ai l'honneur d'être

Votre tout dévoué,

E. MULSANT.

SUPPLÉMENT

A LA

MONOGRAPHIE

DES

COLÉOPTÈRES TRIMÈRES SÉCURIPAPES,

PRÉFACE.

Trois ans à peine se sont écoulés depuis le moment où j'ai achevé le Speciès des Coccinellides, et voici que déjà j'éprouve le besoin de faire paraître un supplément à ce travail. De nouvelles communications de MM. Perroud, de Lyon; Jules Bourcier, Chevrolat, Deyrolle et Jeckel, de Paris; Saucerotte, de Lunéville; l'abbé Montrousier, de la Société des Maristes, missionnaire dans l'Australie; John Leconte et Guex, des États-Unis; le comte de Mannerheim, de Vibourg; Ménétriés et V. de Motschoulsky, de Saint-Pétesbourg; le docteur Schaum, de Berlin; Rosenhauer, d'Erlangen, m'ont offert un assez grand nombre d'espèces inédites pour rendre cette publication nécessaire; elle me permettra d'apporter quelques modifications à la première pour la mettre en harmonie avec les découvertes récentes et avec les progrès de la science.

Ma Monographie a été l'objet de quelques observations, mais faites en termes si bienveillants, que je serais tenté de m'en louer plutôt que de m'en plaindre. On m'a reproché : 1° de n'avoir pas fait un emploi assez général des caractères tirés des parties de la bouche; 2° d'avoir établi un trop grand nombre de coupes génériques. Je demande la permission d'émettre ici quelques idées à ce sujet, non pour chercher à justifier ce qu'il peut y avoir de défectueux dans mon œuvre — personne plus que moi ne sent combien les travaux de l'homme sont éloignés de la perfection — mais pour exposer mes vues sur ces points de controverse.

Les organes buccaux, je m'empresse de le reconnaître, fournissent parfois d'utiles ressources pour constituer, dans certaines familles, des coupes plus ou moins étendues, et je me hâte de confesser que, dans les études préliminaires de mon travail, j'ai disséqué la bouche de toutes les Coccinellides en ma possession. Cet examen est venu confirmer l'opinion dans laquelle je suis depuis longtemps, que les palpes et autres parties voisines sont loin d'offrir des caractères toujours de même valeur; ceux-ci perdent de leur importance à mesure qu'on s'adresse à des Coléoptères dont la conformation extérieure, peu différente dans la même famille, annonce dans l'organisation un plus grand degré de simplicité, et contrairement à l'opinion de Fabricius [1], ils deviennent insuffisants pour la constitution des genres. Je suis heureux d'avoir vu récemment ces mêmes principes proclamés par M. le docteur Suffrian, un de ces hommes qui méritent de faire autorité dans la science par les soins consciencieux dont ses travaux portent l'empreinte.

---

[1] Mihi vero instrumenta cibaria sola characteres praebent sufficientes, constantes. (Phil. entom. p. 85.)

On a trop souvent, à l'exemple du professeur de Kiel, abusé du moyen de créer des genres nouveaux sur les caractères presque exclusifs tirés des mâchoires ou des palpes. Le plus souvent, on se borne à examiner les parties buccales de quelques espèces, parfois même d'une seule, et l'on rapporte ensuite à ce genre, constitué sur des bases si faibles, tous les insectes qui semblent s'y rattacher par les formes extérieures. Combien de fois cependant n'arrive-t-il pas que des Coléoptères ayant entre eux beaucoup d'analogie et à peu près le même genre de vie, offrent, dans leurs organes buccaux, des différences assez importantes? Les Mélasomes, pendant longtemps, n'ont-ils pas été, sur la foi de Latreille, considérés comme ayant tous les mâchoires armées d'un crochet corné?

Non-seulement les parties de la bouche des insectes ne sont pas toujours d'une conformité rigoureuse chez des espèces très-voisines, mais parfois elles présentent des différences frappantes chez les deux sexes d'une même espèce. Il y a plus : dans le même individu, chez les Coléoptères herbivores surtout, l'une des mandibules est, en général, loin de ressembler à l'autre, et les palpes même quelquefois présentent des différences plus ou moins appréciables. Si l'on ajoute que, chez les petites espèces surtout, la dessiccation opère fréquemment, sur les parties molles des mâchoires ou autres organes voisins, un raccornissement assez considérable pour en dénaturer ou du moins en altérer la forme primitive, on sera amené à reconnaître que si l'étude de la bouche des Coléoptères ne doit pas être négligée, les secours tirés des pièces dont elle se compose doivent être employés avec intelligence ou avec une sage réserve.

Quand ces organes d'ailleurs auraient, dans leur configuration, une constance plus grande, doivent-ils être considérés comme fournissant des caractères prédominants? En leur accordant une préférence exclusive, Fabricius, dans ses derniers ouvrages, a été entraîné à éloigner les Hannetons et les Cétoines des Scarabées de Linné, dont il les avait rapprochés dans ses premières publications; il a été porté à réunir dans quelques-unes de ses classes, des insectes étonnés de leur voisinage.

Séduit par les théories de son temps, l'illustre Entomologiste s'était évidemment exagéré pour les animaux articulés l'importance que peut offrir le système dentaire chez les mammifères, ou plutôt il avait méconnu que, même chez les vertébrés supérieurs, les caractères tirés du tube digestif ou de ses dépendances doivent s'effacer devant ceux fournis par des organes d'un ordre plus élevé : les premiers, en effet, sont en rapport seulement avec la vie végétative; or, c'est par la vie de relation que les animaux se distinguent des plantes et s'élèvent plus ou moins dans la série des êtres.

Je me suis demandé, dès le commencement de mes travaux, s'il n'était pas possible, sans recourir principalement aux parties de la bouche des Coléoptères, d'établir parmi eux des coupes génériques sur des pièces plus faciles à étudier, et surtout plus en harmonie avec les mœurs ou les habitudes de ces petits animaux. Je n'ai pas tardé à me convaincre que le système tégumentaire de ces articulés, dont les pièces nombreuses se développent ou se rapetissent suivant le genre de vie de chacun de ces êtres, peut fournir de merveilleuses ressources pour les grouper d'une manière naturelle. Ces moyens de classification offrent en outre un grand avantage, celui de pouvoir être examinés ou vérifiés par tout le monde; les caractères tirés de la bouche présentent, au contraire, dans leur étude, une difficulté plus ou moins grande pour les personnes peu exercées; si leur examen exige la dissection, la plupart des Entomologistes, quand ils possèdent un exemplaire unique, préfèrent croire l'auteur sur parole plutôt que de s'exposer à briser leur insecte, en cherchant à contrôler les données de l'écrivain.

En se bornant à consulter les parties de la bouche, les Scarabéens (*Aleuchus*, etc.) semblent se rapprocher des Cétoines par leurs mandibules impropres à la mastication ; ils sont, comme ces dernières, des insectes lécheurs. Mais les espèces créées pour la destruction des matières sordides indiquent visiblement leurs habitudes fouisseuses par le développement considérable de leur poitrine, destinée à fournir aux organes des mouvements terrestres des muscles d'une plus grande puissance ; par leurs pieds robustes, leurs cuisses renflées, leurs jambes antérieures fortement dentées, leurs tarses grêles ou nuls ; par leur épistome et leurs joues réunies en un chaperon destiné à faciliter l'introduction de l'animal dans le sol, et débordant les yeux pour les protéger. La direction oblique des jambes intermédiaires servant à faire distinguer, parmi ces animaux, les espèces pilulaires de celles qui ne le sont pas, ne fournit-elle pas un caractère aussi précieux et aussi naturel que les palpes ou les mâchoires pourraient le faire ?

Il n'est donc plus permis d'admettre ce précepte philosophique de Fabricius : *Les caractères de tous les genres doivent toujours être pris des mêmes parties* (1). Les animaux qui se rapprochent le plus les uns des autres ne sont pas toujours ceux dont les organes buccaux offrent le plus d'analogie, mais ceux qui ont entre eux les rapports les plus nombreux, surtout en partant des points de vue les plus élevés de leur vie de relation. Savoir saisir et comprendre ces harmonies, c'est avoir reçu de la Providence la noble mission d'interpréter

---

(1) Characteres generum omnium ab iisdem semper partibus desumendi. (FABRICIUS, Philos. entomol., p. 91.)

ses œuvres ; c'est le cachet du Naturaliste. C'est par ce tact étonnant que le génie de Linné, lorsqu'on se reporte à l'époque où il vivait, semble grandir encore à mesure qu'on s'éloigne de son siècle. C'est par ce coup-d'œil admirable, dont ses travaux gardent la trace, que Latreille a laissé un nom immortel.

Quand on s'écarte de ces principes, les esprits, même supérieurs, se jettent dans des idées systématiques plus ou moins singulières. Ainsi, malgré le haut degré auquel ait pu s'élever le savant Erichson par ses remarquables ouvrages, je serais bien étonné si la manière fantastique dont il a disposé les Lamellicornes, par exemple, était jamais avouée par la Nature.

La question relative aux limites des genres restera probablement longtemps encore un sujet de discussion entre les Naturalistes. Les coupes génériques établies par Linné sur un nombre assez restreint d'insectes et d'après des caractères très-généraux, ont dû nécessairement être divisés à mesure qu'on a découvert un plus grand nombre d'espèces, et que celles-ci ont été l'objet d'études plus spéciales. Les genres linnéens sont devenus pour la plupart les représentants d'une Tribu ou grande famille. Celui de *Coccinella* est un de ceux dont le morcellement a été le plus tardif : la presque similitude de ces insectes, dans leurs formes extérieures, semblait rendre ce fractionnement moins nécessaire; dans tous les cas, elle en augmentait les difficultés.

Engagé presque involontairement dans le travail monographique ayant ces insectes pour objet; condamné à rendre reconnaissables autant que possible les neuf cents espèces décrites dans mon ouvrage ; obligé de lutter contre divers obstacles, résultant : les uns, de la simplicité d'organisation de ces Coléoptères, ou du moins des faibles modifications des formes de leurs corps : les autres, de la variation souvent si singulière du dessin ou de la couleur de leur robe, il m'a fallu, pour accomplir cette tâche, entrer dans des détails minutieux. A défaut de ce génie que la Providence départit à un si petit nombre d'élus, j'ai tâché d'apporter dans cette œuvre une certaine dose de patience et de la conscience dans les recherches. Celles-ci m'ont permis de partager la Tribu des Trimères Sécuripalpes en familles, en branches et souvent même en rameaux. Ces divisions successives ont non seulement pour but, dans mon esprit, de mieux faire connaître la marche de la Nature, mais de fournir aux personnes qui trouveraient le nombre de mes coupes génériques trop considérable, la facilité d'en restreindre le chiffre sans rien changer à la disposition générale de l'ouvrage. Aux yeux de ces Entomologistes réservés, mes noms de genres peuvent passer pour les représentants des lettres A, B, C, etc., employées par d'autres auteurs comme des moyens de repère dans des groupes trop nombreux.

Toutefois, je dois l'avouer, j'ai été entraîné à fractionner les branches et les rameaux de chaque famille, moins par cette tendance naturelle qui nous porte à spécialiser dès le moment où nous approfondissons davantage un sujet; moins surtout par le désir futile de créer des coupes nouvelles, que par mes idées sur les limites des genres. Dans mon opinion, ils ne doivent comprendre que des espèces ayant entre elles une grande ressemblance de caractères et de formes.

Le nombre des coupes établies dans mes premiers volumes sur les Coléoptères de France, parut de prime abord exagéré à plusieurs Entomologistes. Combien de ces coupes cependant, basées sur une espèce unique, n'ont-elles pas vu, depuis mes publications, leur établissement justifié par des insectes qui sont venus s'y rattacher, depuis les récentes explorations ou conquêtes de la science? Je serais bien étonné si la plupart des genres de Coccinellides qui paraissent aujourd'hui superflus, ne recevaient pas un jour de l'avenir une pareille sanction, si même la création d'un certain nombre de coupes nouvelles ne devenait nécessaire. Des formes inconnues ou non signalées encore, correspondant à des mœurs ou à des habitudes particulières, provoqueront toujours la création de genres nouveaux; or, qui pourrait dire d'une manière approximative à quel chiffre s'arrêtera le nombre des insectes existant sur la terre, et celui des types plus ou moins singuliers qui restent à s'offrir à nos yeux? Plus on avance dans le champ des découvertes, plus il semble fuir dans un horizon sans limites; à la vue des merveilles sans nombre qui se montrent à lui, l'homme attaché au culte de la Nature en est presque à regretter son inépuisable fécondité. Obligé chaque jour de restreindre le cercle de ses études, dès le moment où il veut les approfondir davantage, il sent le néant et la vanité de sa science et la puissance infinie de Dieu, et dans le juste sentiment de sa faiblesse et de son impossibilité à connaître jamais toutes les œuvres du Créateur, il est à chaque instant forcé de s'écrier dans un transport d'admiration :

O Jevohah, quàm magna sunt opera tua!

SUPPLÉMENT

A LA

MONOGRAPHIE DES COCCINELLIDES.

Page 2. — La découverte de quelques espèces de Chilocoriens ayant le dessus du corps garni de duvet, doit faire modifier de la manière suivante les caractères du premier groupe, celui des GYMNOSOMIDES.

CARACTÈRES. *Élytres* glabres ; parfois cependant exceptionnellement garnies, soit près des épaules seulement, soit plus rarement sur toute leur surface, d'un duvet plus ou moins clair-semé, chez quelques espèces ayant la partie antérieure de la tête en forme de chaperon.

Page 9. — A la fin de la page, ajoutez après l'E. ESCHSCHOLTZII décrite dans l'appendice, p. 1,009 :

4. **Eriopis heliophila.** — *Oblongue. Prothorax noir, orné d'une bordure latérale et de deux taches orbiculaires jaunes ou d'un jaune testacé : l'une, liée au milieu du bord antérieur : l'autre, au devant du milieu de la base. Elytres jaunes ou d'un jaune testacé, parées d'une bordure suturale liée dans sa seconde moitié à un anneau isolé des bords externe et postérieur, et d'une tache prolongée du calus à cet anneau, noirs.*

ÉTAT NORMAL. *Prothorax* noir, paré de chaque côté d'une bordure jaune ou d'un jaune testacé, de largeur uniforme, couvrant en devant jusqu'à la sinuosité postoculaire et le dixième externe de la base ;

orné sur la ligne médiane de deux taches orbiculaires de même couleur : celle de devant, égale au quart de la largeur, liée au bord antérieur vers lequel elle est tronquée : la postérieure, à peine moins petite, complète, située au devant de l'écusson. *Elytres* jaunes ou d'un jaune testacé, ornées d'une bordure suturale, d'un anneau et d'une tache naissant du calus, noirs : la bordure suturale, un peu plus large sur chaque élytre que l'écusson qu'elle embrasse jusqu'à la base, prolongée jusqu'au milieu de la longueur d'une manière presque uniforme ou en se renflant légèrement dans le milieu de cette distance, un peu rétrécie ensuite jusqu'à l'extrémité, formant, à partir du milieu, le côté interne de l'anneau : celui-ci inégalement plus large, anguleusement avancé en devant vers le milieu de la largeur, distant du rebord, à son côté externe, d'un sixième environ de la largeur, séparé par un espace à peu près égal à la partie postérieure de l'angle sutural : la tache, en espèce de triangle dont le côté le plus long regarde le bord externe, naissant du calus, longitudinalement étendue jusqu'à la partie antérieure anguleuse de l'anneau, avec laquelle elle se lie ou à peu près, distante de la bordure suturale vers son angle interne, d'un sixième ou presque d'un cinquième de la largeur.

Long. 0,0045 (2 l.) Larg. 0,0024 (1 1/5 l.).

Corps oblong. *Tête* noire, avec le côté externe des mandibules, les joues, le bord du labre et de l'épistome d'un jaune testacé. *Antennes* et *palpes* de même couleur, à extrémité noire ou obscure. *Ecusson* triangulaire, noir. *Elytres* assez faiblement élargies jusqu'aux trois cinquièmes de la longueur, subarrondies ou en ogive obtuse à l'extrémité. *Dessous du corps* noir : Epimères des médi et postpectus blanches. *Pieds* noirs.

Elle a été découverte dans les environs de Quito (République de l'Equateur), par M. J. Bourcier.

Cette espèce, par son faciès, semble lier les *Eriopis* au genre *Adonia*, dont elle s'éloigne néanmoins par l'absence des plaques abdominales.

Page 10. — 2. **Hippodamia xanthoptera**

Obs. Suivant M. de Motschoulsky, elle ne serait qu'une variété de l'*H. 13-punctata*. Elle présente parfois les élytres marquées de quelques points noirs ; mais ordinairement celles-ci sont sans taches.

3. **Hippodamia racemosa.** — *Oblongue. Prothorax noir, paré au moins latéralement d'une bordure blanche étroite. Elytres d'un roux jaune, ornées chacune d'une bordure transversale et de trois taches, noires : la bande, naissant des côtés de l'écusson, prolongée un peu obliquement jusqu'au quart, puis transversalement dirigée jusqu'au rebord, en émettant en avant un rameau assez large sur le calus : les première et deuxième taches, liées vers la moitié de la largeur, divergentes postérieurement : l'interne, plus longue, plus antérieure et moins prolongée en arrière : la troisième, obtriangulaire, aboutissant postérieurement vers les neuf dixièmes de la suture.*

Etat normal. *Prothorax* noir; paré en devant et sur les côtés d'une bordure étroite, d'un blanc flavescent : l'antérieure, trifestonnée en arrière : chacune des latérales, à peine rétrécie dans son milieu. *Elytres* d'un roux jaune ou d'un jaune orangé, ornées chacune d'une bande transversale irrégulière, liée à l'écusson, et de trois taches noires : la bande, naissant de la base ou des côtés de l'écusson, couvrant le premier huitième de la suture dont elle s'éloigne ensuite en se prolongeant jusqu'au quart de la longueur et du sixième interne environ de la largeur, puis transversalement prolongée jusqu'au rebord externe qu'elle laisse intact ; comme terminée à son extrémité externe par une tache ponctiforme, la débordant un peu en avant et surtout en arrière, émettant en avant un rameau couvrant le calus, avancé presque jusqu'à la base, égal à plus du quart de la largeur d'un étui : la première tache élargie d'avant en arrière, piriforme, presque liée aux trois cinquièmes postérieurs de la bande, obliquement dirigée d'avant en arrière et de dehors en dedans, prolongée presque jusqu'aux trois cinquièmes de la longueur, séparée de la suture par un espace égal au sixième de la largeur, dans le point où elle est le plus voisine de celle-ci, couvrant jusqu'aux trois cinquièmes de la largeur dans sa partie la plus rapprochée du bord externe; la deuxième, presque carrée ou ovalaire, liée à la première vers la moitié du côté externe de celle-ci, obliquement dirigée vers le bord externe, formant avec la première une sorte d'accent circonflexe, couvrant depuis les deux cinquièmes ou un peu plus jusqu'aux cinq neuvièmes de la longueur : la troisième, presque obtriangulaire, couvrant en devant les quatre cinquièmes médiaires de la largeur, naissant aux cinq septièmes de la longueur, un peu obliquement dirigée vers les neuf dixièmes de la suture qu'elle atteint à peine ou n'atteint pas.

Long. 0m,0049 (2 1/5l.) Larg. 0m,0033 (1 1/2 l.)

Corps oblong; médiocrement convexe; pointillé; luisant en dessus. *Tête* noire, avec les joues et une bande longitudinale plus large bordant les trois quarts antérieurs du côté interne des yeux, d'un blanc flavescent : *labre* d'un roux testacé. *Antennes* et *palpes* de cette dernière couleur, avec l'extrémité obscure. *Dessous du corps* noir, avec les épimères des médi et postpectus, blanches. *Pieds* noirs : extrémité des jambes de devant et tarses antérieurs d'un fauve testacé.

PATRIE ? (collect. V. de Motschoulsky).

Obs. Je n'ai vu que l'un des sexes. Les taches des élytres, chez d'autres exemplaires, pourraient peut-être se montrer un peu moins développées.

Page 37. — 1. **Anisosticta novemdecim-punctata**; LINN.

LARVE. *Tête* d'une pâle couleur de chair; parée à sa partie postérieure d'un bandeau noir, trilobé en devant. *Corps* suballongé; de douze anneaux; subgraduellement rétréci d'avant en arrière, surtout à partir du quatrième segment; offrant les anneaux thoraciques plus grands : le premier de ceux-ci, d'une pâle couleur de chair; marqué en dessus de deux lignes longitudinales brunes, sensiblement divergentes d'avant en arrière; noté près des bords latéraux d'une tache de même couleur garnie de points piligères : les deuxième et troisième de même couleur que le premier, ornés chacun de deux grosses taches juxta-médiaires d'un brun noir, subverruqueuses et garnies de poils courts : ces anneaux, marqués soit sur les côtés, soit entre ceux-ci et chaque tache juxta-médiaire, d'une autre tache brune, garnie de points piligères : les anneaux suivants, également d'une pâle couleur de chair, bordés de brun ou brunâtre en devant et en arrière, et parés chacun de deux taches juxta-médiaires d'un noir brun, subverruqueuses et garnies de poils, ornés de chaque côté d'une autre tache brune : les différentes taches de cette dernière couleur assez étendues pour faire paraître les anneaux bruns, ornés de trois taches couleur de chair. *Dessous du corps* d'un cendré bleuâtre et livide. *Cuisses* et *jambes*, couleur de chair, pâle à la base, brunes à l'extrémité.

On la trouve, ainsi que l'insecte parfait, sur les plantes des marais et des lieux humides.

Page 10. — 2. **Adonia mutabilis** : Scriba. — Ajoutez après la Var J.

Var K. *Premier, deuxième et troisième points noirs des élytres dilatés et unis en forme de tache trilobée, et quatrième et cinquième points unis en forme de tache obcordiforme ou bilobée postérieurement et liée par sa partie antérieure à la tache trilobée.* (Abyssinie — collect. Saucerotte.)

Var L. *Premier, deuxième et troisième points noirs des élytres dilatés et unis en forme de tache trilobée : le deuxième ou celui qui constitue la partie postéro-interne de cette tache, prolongé jusqu'à l'écusson.* (Indes — collect. Deyrolle.)

Obs. Les points postérieurs sont tantôt libres, tantôt unis. Dans ces variétés exotiques, chacun des points blancs du prothorax s'avance ordinairement jusqu'à la bordure blanche antérieure, en sorte que la partie noire forme quatre branches dirigées en avant.

Chez l'exemplaire de la collection Deyrolle provenant des Indes, les pieds sont également en grande partie testacés ; mais les genoux antérieurs, les deux cinquièmes externes des cuisses intermédiaires et les cuisses postérieures, moins les trochanters, sont noirs.

Page 46. — **Adonia strigata**. — Cette jolie espèce, que j'ai pu voir en nature, grâce à l'obligeance de M. le comte de Mannerheim, appartient, ainsi que je le supposais, au genre *Adonia*.

Page 50. — Ajoutez à la synonymie de l'*Adalia obliterata*, LINNÉ :

Coccinella decas, L. von BECK, Beytr. z. baier. Insect. Faun. p. 16. pl. 4. fig. 20.

Page 52. -- 4. **Adalia fasciato-punctata** ; FALDERMANN. — Ajoutez aux variations du prothorax :

γ. Prothorax offrant de plus que dans l'état normal une tache flavescente couvrant le cinquième ou le quart médiaire de la base, peu prolongée en avant. (Collect. Motschoulsky.)

Page 54. — Ajoutez à la synonymie de l'*Adalia hyperborea*.

Etat normal :

ACERBI. Voyage au Cap-Nord, etc. trad. de l'angl. (par M. Petit-Radel) et revu par J. Lavallée, t.3. pl. 3. fig. 7.

Page 70, ligne 3. — Rectifiez de la manière suivante la synonymie de la *Bulaea* 19-*notata*.

Coccinella Lichatschewii, HUMMEL, Essais n° 6. p. 43. suivant Gebler.

Coccinella 19-*notata* (STEVEN), GEBLER, Bemerck ueb. die Insect. sibir. *in* LEDEBOUR'S Reise t. 2. (1830) p. 225. 14. — *Id.* Vezeich. etc. *in* Bullet. de la soc. impér. des Natur. de Mosc. (1848) n. 3. p. 59. — FALDERM. Faun. transcaucas. 2. p. 402. — KRYNICKI, Enumer. Coleopt etc. *in* Bullet. de la soc. imp. des Nat. de Mosc. t. 5 (1832) p. 177. — DEJ. catal. (1837) p. 457.

Coccinella salina (STEVEN, olim) suivant Gebler.

Coccinella 19-*maculata*, (Hummel) DEJ. catal. p. 457.

Coccinella pallida (Friwaldsky) suivant Rosenhauer, et d'après un exemplaire adressé à ce savant par M. Friwaldsky lui-même.

Page 81. — Après l'**Harm. arcuata** Fabricius, ajoutez :

Obs. La *Cocc. effusa*, Ericus. Beytr. zur Insectenfaun. von Angola, *in* Wiegemann's Arch. f. Naturg. t. 9. 1re part. p. 266. 121, est très-voisine de l'*Harm. arcuata* Fabr. suivant M. le docteur Schaum, Bericht, etc, *Berlin*, 1852, p. 213.

Page 87. — Après la description de l'**H. 12-maculata**, Gebler, ajoutez :

Obs. J'ai vu dans la collection de M. Motschoulsky une variété de cette espèce, dont voici la description :

Prothorax flave; paré de deux taches noires, laissant de couleur foncière une bande dorsale et une bordure périphérique : celle-ci, dilatée en forme de tache carrée, près des angles postérieurs. *Elytres* flaves; à première tache ou humérale liée à la suturale antérieure, enclosant à la base, sur les côtés de l'écusson un espace semi-circulaire : la tache suturale intermédiaire, tronquée en devant, aux trois cinquièmes de la longueur, et avancée sur la suture en forme de bordure graduellement rétrécie : troisième et quatrième taches, unies, constituant une bande transversale bifestonnée en devant, en ligne droite à son bord postérieur, à peine prolongée jusqu'à son bord externe, en partant de la suture : quatrième tache, tronquée en devant et réduite à une tache semi-orbiculaire : la suturale postérieure, formant de chaque côté de la suture une tache cordiforme. *Pieds* d'un rouge ou d'un fauve testacé, avec quelques taches noirâtres, et l'arête des cuisses et des jambes variablement noirâtre.

Page 90 :

12B **Harmonia punctata**. — *Prothorax noir sur ses deux tiers médiaires, jaune sur les côtés. Elytres noires, marquées de points assez gros, séparés par d'autres plus petits.*

Long. 0,0052 (2 1/3 l.). Larg. 0,0039 (1 3/4 l.).

Corps ovale. *Tête*, *antennes* et *palpes* d'un jaune peu vif. *Prothorax* noir sur ses deux tiers médiaires : cette partie noire, couvrant en devant toute la partie comprise entre les sinuosités ; jaune ou d'un jaune peu vif sur les côtés. *Écusson* noir. *Elytres* étroitement rebordées; d'un noir luisant, marquées de points assez gros, peu rapprochés; finement ponctuées entre ceux-ci. Repli d'un rouge testacé pâle, extérieurement bordé de noir. *Dessous du corps* et *pieds* d'un rouge flave ou d'un flave testacé rougeâtre, plus pâle ou plus jaune sur les côtés du ventre.

PATRIE : les parties boréales de l'Inde (collect. Deyrolle).

Page 93 :

16[B] **Harmonia Billieti.** — *Ovale. Prothorax d'un jaune flave sur les côtés, avec la partie médiaire noire. Elytres d'un jaune flave, ornées d'une bordure suturale, et chacune de trois bandes transverses, noires : la première, fortement arquée en arrière, prolongée depuis l'écusson jusqu'au calus huméral : la deuxième vers la moitié, rétrécie près de la suture, puis anguleusement dilatée : la troisième près de l'extrémité : cette sorte de réseau divisant la surface de chacune en six aréoles: quatre, suborbiculaires près de la suture: deux, liées au bord externe : l'humérale irrégulière : l'autre triangulaire.*

Long. 0,0042 (1 7/8 l.). Larg. 0,0030 (1 2/5 l.).

♂ *Corps* ovale ; pointillé ; luisant. *Tête* d'un jaune flave ; ornée sur sa partie postérieure d'un bandeau noir bifestonné. *Antennes* et *palpes* d'un jaune rougeâtre. *Prothorax* d'un jaune flave sur les côtés, noir sur la partie médiaire : celle-ci, égale en devant à l'espace compris entre le milieu d'un œil et l'autre, parallèle jusqu'au tiers ou aux deux cinquièmes, graduellement élargie ensuite jusqu'à la base, dont elle couvre environ les deux tiers médiaires, laissant près du bord antérieur une bordure flave, étroite, qui doit manquer chez la ♀. *Elytres* d'un jaune flave, parées d'une bordure suturale et chacune de trois bandes transverses, liées à cette dernière, noires : la première naissant près de l'écusson, en demi-cercle prolongé en arrière jusqu'au tiers environ de la longueur des élytres, anguleusement prolongée à son bord postérieur, vers les trois cinquièmes de la largeur, terminée sur le calus huméral : la deuxième, naissant un peu après la moitié de la bordure suturale, transversalemen dirigée un peu en avant, presque jusqu'au bord externe, rétrécie vers le quart interne, anguleusement dirigée en arrière vers la moitié de son bord postérieur, et vers les trois cinquièmes de son bord antérieur, liée par ce dernier point à la bande antérieure, arrondie à son extrémité externe : la troisième, liée à la bordure suturale vers les quatre cinquièmes ou un peu plus, en arc transversal dirigé un peu en avant et presque prolongé jusqu'au bord externe, anguleuse un peu après la moitié de son bord antérieur et presque liée par ce point à la partie anguleuse du bord postérieur de la précédente : cette sorte de réseau, divisant la surface de chaque élytre en six aréoles d'un jaune flave : quatre, suborbiculaires le long de la bordure suturale : la dernière de celles-ci plus irrégulière, presque obtriangulaire, terminale : deux, le long du bord externe : la première, naissant du tiers externe de la base, presque parallèle jusqu'au sixième, puis anguleusement dilatée en dedans, couvrant le bord externe jusqu'à la moitié : la deuxième, couvrant ce bord des quatre septièmes aux trois quarts, en triangle transverse, liée à la troisième tache juxta-suturale. *Dessous du corps* noir : épimères du médipectus flaves. *Pieds* d'un jaune rougeâtre.

PATRIE : les provinces boréales des Indes Orientales, (collect. Deyrolle).

J'ai dédié cette espèce à M. Claudius Billiet, dont l'étude des insectes charme quelquefois les loisirs, mais qui, sous le pseudonyme de Antoni Rénal, s'est acquis parmi nos poètes lyonnais un nom plus glorieux.

Page 94.

Cocinella transgressa. *Brièvement ovale. Prothorax noir, avec le bord antérieur et les côtés largement d'un flave testacé : ceux-ci marqués d'un point noirâtre. Elytres d'un flave testacé, ornées d'une* *ordure suturale et d'une bande irrégulièrement transversale, prolongée des quatre septièmes de la suture à la moitié du bord externe.*

Etat normal. *Prothorax* noir, avec les côtés flaves ou d'un flave testacé : la partie noire, couvrant les deux tiers médiaires de la base, rétrécie d'arrière en avant en arc rentrant, avancée jusqu'au sixième antérieur de la longueur, qui reste flave ou d'un flave testacé; offrant sur les côtés une bordure ovalaire flave ou d'un flave testacé, étendue en devant jusqu'à la sinuosité postoculaire, couvrant le sixième externe de la base, marquée d'un point noirâtre ou obscur, près du bord latéral, vers les deux tiers de la longueur. *Elytres* flaves ou d'un flave testacé, ornées d'une bordure suturale et chacune d'une bande irrégulièrement transversale, noires ou d'un brun noir : la bordure suturale, à peine plus large que l'écusson, à sa base, peu sensiblement élargie jusqu'à la bande transversale, réduite, après celle-ci, au rebord sutural : la bande, naissant vers les quatre septièmes de la suture, où elle égale environ un quart ou un cinquième de la longueur, dirigée vers la moitié du bord externe, échancrée à son bord antérieur entre la suture et la moitié de la largeur, bissinueuse à son bord postérieur.

Long. 0,0036 (1 2/3 l.). Larg. 0,0026 (1 2/5 l.).

Corps brièvement ovale ; médiocrement convexe ; pointillé ; luisant en dessus. *Tête, palpes et antennes* d'un flave testacé. *Prothorax* légèrement bissinueux à la base ; très-étroitement relevé en rebord sur les côtés. *Ecusson* noir. *Elytres* subarrondies aux épaules; étroitement rebordées sur les côtés ; offrant vers les trois cinquièmes leur plus grande largeur, en ogive postérieurement. *Dessous du corps* d'un noir brun : côté externe des plaques abdominales peu marqué. *Pieds* d'un flave testacé.

Patrie : les régions boréales des Indes, (collect. Deyrolle).

Obs. Peut-être la bande transversale des élytres est-elle quelquefois réduite à une tache suturale et à deux taches plus ou moins isolées, sur chaque élytre.

Page 109. — Ajoutez à la synonymie de la *Coccinella nivicola* :

MÉNÉTRIÉS, Insectes du voyage de Middendorff, p. 13. n. 80.

Page 111.

18[B] **Coccinella franciscana.** *Brièvement ovale. Prothorax noir, paré aux angles de devant d'une tache irrégulièrement quadrangulaire d'un blanc flavescent. Elytres rousses ou d'un roux fauve, ornées de chaque côté de l'écusson d'une tache plus jaunâtre, parées sur celui-ci d'une tache scutellaire noire égale en largeur à la base dudit écusson, une fois plus longuement prolongée que celui-ci, sur une largeur égale, avec le reste du rebord sutural obscur. Epimères des médi et postpectus, d'un blanc flavescent.*

♀ Tête ornée sur le milieu du front d'un bandeau transversal d'un blanc flavescent.

Long. 0,0063 (2 7/8 l.). Larg. 0,0045 (2 l.).

PATRIE : la Californie, (collect. Chevrolat).

OBS. Peut-être n'est-ce qu'une variété de la *Coccinella californica*, p. 110, dont elle diffère par l'existence de la bordure prothoracique antérieure et par les épimères du postpectus, également blanches.

Page 114. — Ligne 12, après *Coccinella confusa*, WIEDEMANN, ajoutez :

Zoolog. Mag. t. 2, 1er cah. p. 72. n. 111.

Page 126. — Ajoutez à l'état normal :

Coccinella racemosa, GERMAR, Beytrag *in* Linnea entomol. t. 3. p. 245. 181. que j'avais soupçonné devoir se rattacher à cette espèce. (Voy. SCHAUM, Bericht, 1852, p. 213.

Page 134. — Ajoutez à la synonymie de l'*Anatis* 15-*punctata*, OLIV. :

Coccinella consentanea, STURM, catal. suivant M. Rosenhauer.

Page 135.

4. **Anatis thibetina.** *Ovale. Prothorax noir, paré de chaque côté d'une tache flave, étendue en devant jusqu'à la sinuosité postoculaire et prolongée jusqu'aux deux tiers de la longueur. Elytres d'un jaune testacé, ornées d'une bordure suturale, de trois bandes transversales (la première, ordinairement interrompue au côté interne: la dernière, apicale) et d'une bande longitudinale passant sur le calus et prolongée jusqu'à la deuxième bande transversale, noires : ce réseau partageant la surface de chaque élytre en cinq aréoles dont les première et deuxième juxta-suturales souvent unies.*

État normal. *Prothorax* noir, orné de chaque côté d'une tache flave, irrégulièrement pentagonale, couvrant le bord antérieur depuis l'angle de devant jusqu'à la sinuosité postoculaire, couvrant les deux tiers environ du bord externe en laissant le rebord au moins en partie noir, transversalement coupée à son bord postérieur, subarrondie ou plutôt anguleuse du côté intérieur dans le milieu de son côté interne. *Elytres* d'un jaune testacé, ornées d'une bordure suturale inégale, et chacune d'un rebord externe, de deux bandes transversales dont la première souvent interrompue, d'une bande apicale et d'une bande longitudinale prolongée du milieu de la base à la deuxième bande transversale, noires : la bordure suturale, inégalement étroite, dilatée dans ses points de jonction avec les bandes transversales et apicale : la bande transversale antérieure, liée au rebord externe, vers le tiers de la longueur, étendue jusqu'à la bande longitudinale en se dirigeant faiblement en avant, souvent interrompue entre ladite bande longitudinale et la suture, mais en laissant sur celles-ci des traces plus ou moins prononcées de son existence : la deuxième bande transversale, un peu sinueusement étendue du bord externe à la suture, un peu avant les deux tiers de la longueur : la bande apicale, couvrant le septième de la longueur : la bande longitudinale, prolongée du milieu de la base presque au milieu de la deuxième bande transversale, mais un peu plus rapprochée du bord externe que de la suture, élargie de la base à la bande transversale antérieure, rétrécie dans son milieu entre la première bande transversale et la deuxième : ce réseau noir divisant la surface de chaque élytre en cinq aréoles : deux basilaires : deux médiaires (dont l'interne est souvent unie avec l'antérieure interne) : la cinquième subtransversale, prolongée de la bordure suturale au rebord externe, arrondie à son côté interne.

Long. 0,0056 (2 1/2 l.). Larg. 0, 0039 (1 3/4 l.).

Corps brièvement ovale ; convexe ; pointillé ; luisant, en dessus. *Tête* d'un blanc flave, ornée d'une tache noire obtriangulaire, située sur l'épistome et divisant presque le front en deux taches blanches ; marquée d'une tache également noire sur la majeure partie médiaire du labre. *Palpes* et *antennes* d'un jaune testacé : celles-ci, à massue moins claire ou plus obscure. *Prothorax* très-étroitement rebordé sur les côtés ; en arc dirigé en arrière, à la base ; à angles postérieurs peu émoussés. *Ecusson* noir. *Elytres* largement en ogive postérieurement ; relevées en gouttière étroite, sur les côtés. Repli peu incliné ; d'un jaune testacé, extérieurement bordé de noir, et marqué de deux taches de même couleur correspondant à l'extrémité des deux bandes transversales. *Dessous du corps* noir. Epimères du médipectus d'un jaune testacé. *Pieds* noirs : genoux et partie inférieure des jambes de devant, extrémité des autres jambes et tarses, d'un jaune testacé : dernier article des tarses postérieurs, obscur.

PATRIE : le Thibet, (collect. Chevrolat.)

OBS. Elle se rapproche des *Mysia* par la forme de ses antennes.

Genre *Vodella*, VODELLE.

CARACTÈRES. *Massue des antennes* à articles allongés. *Ongles* bifides. *Plaques abdominales* en demi-cercle prolongé presque jusqu'à l'extrémité de l'arceau.

Ce genre nouveau qui doit prendre rang parmi les Myziates, se distingue de tous les autres par deux caractères qui lui sont particuliers, fournis, l'un, par les ongles, l'autre par les plaques abdominales. L'exemplaire unique qu'il m'a été donné de voir avait les antennes incomplètes, mais la place qu'il doit occuper n'est pas douteuse ; il est voisin du genre *Anatis.*

1. **Vodella impressa.** *Subhémisphérique. Prothorax marqué d'une fossette longitudinale près des côtés; noir, avec les angles de devant livides. Elytres ornées, vers les deux septièmes de la longueur, d'une bande transversale noire ou brune, presque linéaire, arrivant à peine jusqu'à la suture ; d'un jaune roux en devant de cette bande, d'un roux rougeâtre postérieurement à celle-ci.*

Long. 0,0051 (2 1/4 l.). Larg. 0,0045 (2 l.).

Corps subhémisphérique ; luisant ou brillant en dessus. *Tête* rousse ou d'un roux testacé, parée sur la partie postérieure d'un bandeau noir, échancré en arc, couvrant les deux cinquièmes postérieurs du côté interne des yeux. *Antennes* et *palpes* d'un roux testacé : les premières à massue noire. *Prothorax* bissinueux à sa partie antérieure, avec les angles avancés en forme de dent ; peu élargi, et presque en ligne droite, d'avant en arrière ; subarrondi aux angles postérieurs ; en angle très-ouvert et dirigé en arrière, à la base ; peu convexe ; pointillé ; muni d'un rebord étroit, sur les côtés ; marqué, près de ceux-ci, d'une dépression ou fossette longitudinale n'atteignant ni le bord antérieur ni la base ; noir, paré aux angles de devant d'une tache ou bordure livide. *Ecusson* noir. *Elytres* subarrondies aux épaules, subparallèles ensuite jusqu'aux trois cinquièmes ou deux tiers, arrondies postérieurement ; de deux cinquièmes plus larges au tiers de leur longueur que le prothorax ; rebordées ou munies latéralement d'une gouttière très-étroite et presque réduite à un rebord ; convexes ; marquées de points peu rapprochés ; ornées d'une bande transversale noirâtre, presque linéaire, naissant des deux septièmes du bord externe et peu distincte après le tiers interne de la largeur ; d'un jaune roux au devant de cette bande, d'un roux rougeâtre après celle-ci, mais parfois passant au jaune roux vers l'extrémité. *Dessous du corps* et *pieds* d'un roux testacé. *Plaques abdominales* en demi cercle atteignant ou à peu près le bord postérieur du premier arceau. Ongles bifides ou bifurqués à l'extrémité.

Patrie : Cayenne, (collect. Deyrolle).

Page 140. — Ajoutez à la synonymie de la *Coccinella ramosa*, ligne 7 :

GEBLER, Verzeichniss, etc. *in* Bullet de la Soc. imp. des Natur. de Mosc. t. 21, 1848, p. 60. 16.

Page 145. — Dernière ligne, au lieu de *Cocc. bis-guttata*, lisez : *Cocc. bis-7-guttata*.

Page 147.

4B **Calvia flaccida.** *Subhémisphérique. Prothorax d'un flave roux sur le dos, graduellement et largement d'un blanc flavescent sur les côtés. Elytres d'un roux flave, ornées chacune d'un nœud juxta-marginal, au tiers de la longueur, formé par le croisement de quatre courtes lignes blanchâtres, et parées d'une ligne raccourcie et oblique de même couleur.*

Long. 0,0059 (2 2/3 l.). Larg. 0,0045 (2 l.).

Corps subhémisphérique; pointillé; luisant, en dessus. *Tête*, *palpes* et *antennes,* d'un jaune testacé. *Prothorax* à peine rebordé et légèrement moins déclive sur les côtés ; faiblement émoussé aux angles postérieurs; d'un roux livide ou d'un jaune testacé sur le disque, graduellement d'un blanc flavescent sur les côtés. *Elytres* d'un sixième environ plus larges en devant que le prothorax; convexes ; d'un roux flave ou d'un jaune testacé roussâtre ; ornées chacune: 1° vers le tiers de la longueur, sur une rangée de petits points correspondant au bord interne du répli, d'une sorte de nœud formé par quatre lignes blanchâtres croisées dans ce point et figurant presque une sorte de 8 incomplet : l'interne antérieure naissant du calus : l'interne postérieure prolongée jusqu'aux quatre cinquièmes ; parées en outre d'une ligne obliquement et subsinueusement longitudinale, presque liée postérieurement avec la dernière précitée et avancée jusqu'aux trois septièmes de la longueur et le quart interne de la largeur. *Dessous du corps* et *pieds* d'un flave roussâtre ou testacé.

PATRIE : les régions septentrionales de l'Inde, (coll. Deyrolle).

Page 158. — Ligne 24, après : *avec une autre partant du calus*, ajoutez : *, noires*.

Page 160. — Ligne 20, après **Mellyi**, au lieu de *Ovale-oblong*, lisez : *Ovale-oblongue*.

Page 166.

5. **Halyzia sanscrita.** *Ovale. Prothorax et élytres d'un jaune roux : le premier, avec une ligne médiaire et les côtés, blancs : les secondes, ornées chacune de neuf taches et de deux lignes, également blanches : cinq taches le long de la suture : la première attenante au quart de la base : la dernière à l'extrémité : trois, en partie dans la gouttière (à l'épaule, et vers le tiers et à partir de la moitié) : la neuvième, presque au milieu de l'élytre vers les quatre cinquièmes : les deux lignes, naissant de la base : l'interne, du milieu de celle-ci, presque liée à la troisième tache juxta-suturale : l'externe, prolongée presque jusqu'aux deux tiers, entre la ligne précédente et la rangée juxta-marginale.*

Etat normal. *Prothorax* et *élytres* d'un roux jaune ou d'un jaune roux : le *prothorax* orné d'une ligne médiaire et, de chaque côté, d'une grosse tache ovalaire, blanche ou d'un blanc sale : la ligne, rétrécie dans son milieu : chaque tache, égale dans sa plus grande largeur, au quart de celle de ce segment, translucide près des bords, sinuée à son côté interne, et paraissant marquée d'un point roux jaune, vers le milieu du bord latéral : les *élytres* parées d'une bordure suturale blanchâtre, et chacune de neuf taches et de deux lignes, blanches : cinq taches le long de la suture et isolées de cette dernière : la première liée à la base, vers le quart interne de celle-ci, prolongée jusqu'au dixième, ordinairement unie ou presque unie à la deuxième : celle-ci, trois fois aussi longue que large, prolongée jusqu'aux deux septièmes : les troisième, quatrième et cinquième, subarrondies : la troisième, aux trois septièmes : la quatrième, un peu avant les deux tiers : la cinquième, à l'extrémité : les sixième, septième et huitième, en partie dans la gouttière, le long du bord externe : la sixième humérale : la septième, en ovale oblique, vers le tiers de la longueur : la huitième, allongée, de la moitié presque aux trois quarts : la neuvième, subarrondie, aux quatre cinquièmes de la longueur, presque sur le milieu de l'élytre, un peu plus rapprochée de la suture que du bord externe, un peu en dehors de la rangée juxta-suturale : la première ligne, naissant de la moitié de la base, prolongée jusqu'à la troisième tache juxta-suturale, avec laquelle elle se lie : la deuxième ligne, liée à la base avec le côté interne de la tache humérale, longitudinalement prolongée sur les trois cinquièmes de la largeur à partir de la suture, jusqu'aux deux tiers environ de la longueur.

Long. 0,0051 (2 1/4 l.). Larg. 0,0033 (1 1/2 l.).

Corps ovale ; médiocrement convexe, superficiellement pointillé sur le prothorax, ponctué sur les élytres. *Tête* d'un blanc roussâtre. *Antennes* et *palpes* d'un flave roux : les premières, à dernier article noir. *Prothorax* subarrondi aux angles postérieurs : bissinueux à la base. *Elytres* ovalaires, en ogive assez étroite dans leur seconde moitié ; relevées latéralement en une gouttière égale environ au septième de la largeur, vers la moitié de la longueur, rétrécie postérieurement, à peu près nulle à l'angle sutural. *Dessous du corps* et *pieds* d'un flave orangé ou d'un roux flave.

Patrie : les parties boréales de l'Inde, (collect. Deyrolle).

Page 166. — Après la ligne 26, mettez :

A. Dernier article de la massue des antennes, ovoïde court (G. *Illeis*).

Et supprimez cette ligne à la page suivante.

Page 167. — Ligne 27, au lieu de : *liées au quart externe de la base*, lisez : *liées chacune au quart externe de la base.*

Page 174.

8[B] **Psyllobora Costae**. — *Ovale ; convexe et d'un blanc sale ou flaves-*

vescent. Prothorax marqué de cinq points noirs. Elytres ornées chacune de onze ou douze taches noires, brunes ou brunâtres : deux subbasilaires, presque en carré long : la deuxième ou externe limitée à son côté interne par le calus : quatre en rangée transversale vers les deux cinquièmes : les trois internes presque en carré long : la sixième ou externe, petite, liée au bord extérieur : la septième, en ovale transverse, liée par ses extrémités aux angles postérieurs de la quatrième qui est échancrée : quatre, étroites, en rangée transversale vers les deux tiers : la huitième ou interne dépassant à peine la moitié de la neuvième : celle-ci paraissant composée de deux taches : la onzième, parallèle à la moitié postérieure de la dixième.

Etat normal. *Prothorax et élytres* d'un blanc sale ou flavescent : le premier, paré de cinq points noirs : les secondes, ornées chacune de onze ou douze taches noires, brunes, d'un brun roux ou d'un roux ou testacé brunâtre : les première et deuxième presque en parallèlipipède allongé, subbasilaires, prolongées jusqu'au sixième de la longueur : la deuxième ou externe dépassant à peine les trois cinquièmes internes de la largeur, limitée par le calus à son côté externe : les troisième, quatrième, cinquième et sixième, formant avec leurs pareilles une rangée transversale vers les deux cinquièmes de la longueur : les troisième, quatrième et cinquième presque en carré allongé : la quatrième, plus grosse, échancrée à son bord postérieur, liée par ses deux angles postérieurs à la septième : la sixième, plus petite, ovalaire, subponctiforme, liée au bord externe : la septième en ovale transverse, de la largeur de la quatrième, située sur le disque, vers la moitié ou un peu plus de la longueur : la huitième, joignant la suture, étroite, une fois plus longue que large, naissant au niveau de l'extrémité postérieure de la septième, prolongée jusqu'aux cinq septièmes de la longueur et à la moitié de la neuvième : celle-ci, sur la ligne longitudinale des deuxième, quatrième et septième, située après celle-ci, prolongée jusqu'aux cinq sixièmes, paraissant formée de deux taches unies : la dixième, plus avancée en devant que la neuvième, prolongée en arrière à l'égal de celle-ci, dépassant à peine à son côté externe les deux tiers de la largeur, à partir de la suture : la onzième, située entre la dixième et le bord externe, parallèle à la moitié postérieure de cette dernière.

Long. 0m,0045 (2 l.). Larg. 0m,0033 (1 1/2 l).

Corps ovale ; convexe ; pointillé ; d'un blanc sale ou flavescent, en dessus. *Antennes* et *palpes* d'une flave testacé. *Ecusson* noir. *Dessous du corps* et *pieds* d'un blanc flavescent.

Patrie : l'Amérique, (collect. Motschoulsky).

Obs. J'ai dédié cette espèce à M. Achille Costa, de Naples, auteur de divers mémoires entomologiques, et auquel la science devra probablement un jour une bonne Faune des insectes du royaume de Naples.

Page 207. — Après la synonymie, ligne 14, placez l'observation suivante :

Suivant M. le docteur Schaum, il faut ajouter à la synonymie de la *Thea variegata*.

Cocciaella nassata. Erichs. Beytr. zur Insectenfaun. von Angola *in* Archiv. f. Naturg. t. 9. 1re part. p. 266. 122, et que j'avais rapportée avec doute au genre Psyllobora p. 203. voy. Schaum. Bericht. 1852, p. 213.

Page 208.

3. **Thea quadripunctata.** *Brièvement ovale ; d'un flave testacé en dessus. Elytres ornées chacune de quatre points noirs disposés en carré: le deuxième sur le calus : le premier entre celui-ci et la suture : les troisième et quatrième constituant avec leurs pareils une rangée transversale, arquée en devant : le troisième aux quatre septièmes : le quatrième ou externe , aux trois cinquièmes de la longueur.*

Long. 0m,0030 (1 2/5 l.). Larg. 0m,0026 (1 1/5 l.).

Corps brièvement ovale ; pointillé ; luisant ; d'un flave testacé en dessus. *Tête* , *antennes* , *palpes* et *prothorax* de même couleur. *Élytres* ornées chacune de quatre points noirs, disposés sur deux lignes transversales : le deuxième ou externe sur le calus : le premier ou interne entre celui-ci et la suture, un peu plus rapproché de cette dernière que du point du calus : tous les deux formant avec leurs semblables une rangée transversale à peine arquée en arrière : les troisième et quatrième formant avec leurs pareils une rangée arquée en devant : le troisième, le moins petit, aussi rapproché de la suture que le premier, aux quatre septièmes de la longueur : le quatrième, à peine moins voisin du bord externe que celui du calus vers les trois cinquièmes de la longueur. *Dessous du corps* d'un flave testacé, avec les médi et postpectus et la partie médiaire du premier arceau ventral, obscurs. *Pieds* d'un flave testacé.

Patrie : l'Asie ? (collect. Motschoulsky).

Page 212. — Ajoutez après la *Propylea 14-punctata :*

Obs. J'ai vu dans la collection de M. Deyrolle un exemplaire de cette espèce, provenant du Cap de Bonne-Espérance, se rapportant à la var. E de mon *Hist. nat. des Coléoptères de France* (Sécuripalpes, p. 156); ainsi la *Coccinella dentata* de Casstroem qu'il était permis de rattacher avec doute à cette espèce, doit y être définitivement rapportée.

2. **Propylea obverse-punctata**. *Ovale ; flave ou d'un flave testacé. Prothorax à deux points noirs. Elytres à deux ou trois points de même couleur : le premier sur le calus : le deuxième, rapproché de la suture, au sixième de la longueur : le troisième, rapproché du bord externe, vers la moitié.*

Long. 0,0056 (2 1/2 l.). Larg. 0,0045 (2 l.).

Corps ovale ; médiocrement convexe ; flave ou d'un flave testacé. *Yeux* noirs. *Prothorax* orné de deux points de même couleur, placés en ligne transverse, aux deux tiers de la longueur, chacun vers les deux cinquièmes de l'espace compris entre la ligne médiane et le bord externe. *Elytres* ornées chacune de deux ou trois points noirs : le premier, parfois peu ou point apparent, sur le calus huméral : le deuxième, vers le sixième de la longueur et le cinquième interne de la largeur : le troisième, vers la moitié ou un peu moins de la longueur et le quart externe de la largeur. *Dessous du corps* et *pieds* de couleur analogue au dessus.

PATRIE : les parties boréales de l'Inde, (collect. Deyrolle).

OBS. Cette espèce a un peu le faciès des *Psyllobora*, dont elle s'éloigne surtout par ses antennes et par le bord antérieur bissinueusement échancré de son prothorax.

Page 216. — Première ligne, au lieu de : **1. M. ornata**, lisez : **1. D. ornata.**

Page 216. — Ligne 30, au lieu de :

Genre *Selasia*, SÉLASIE, lisez : *Seladia*, SÉLADIE.

La première de ces dénominations ayant déjà été appliquée par M. Delaporte à une coupe générique de la famille des CÉBRIONITES.

Page 225.

4B **Macaria endomycha**. *Brièvement ovale. Prothorax et élytres vernissés, d'un rouge rosé : le premier, orné sur ses deux septièmes médiaires d'une bande longitudinale noire, ordinairement interrompue : les secondes, parées chacune de cinq taches ponctiformes noires : les première et deuxième subbasilaires : les troisième et quatrième en rangée pareille vers les deux cinquièmes : la cinquième sur le milieu, aux cinq septièmes de la longueur.*

Coccinella endomycha CHEVROLAT, *in* collect.

Long. 0,0061 (2 3/4 l.). Larg. 0,0045 (2 l.).

Corps assez brièvement ovale; pointillé; brillant ou vernissé en dessus. *Tête* d'un rouge rosé. *Antennes* noires, avec les premier à quatrième articles en partie d'une pâle couleur de chair, principalement au côté externe. *Palpes maxillaires* noirs, à premier article pâle. *Prothorax* d'un rouge rosé, orné longitudinalement dans ses deux septièmes médiaires, d'une bande noire, probablement entière quelquefois, mais interrompue sur l'exemplaire soumis à notre examen, du sixième aux deux cinquièmes de la longueur. *Elytres* d'un rouge rosé, parées chacune de cinq taches ponctiformes noires : les première et deuxième subbasilaires : l'externe, sur le calus : l'interne, entre celle-ci et la suture : les troisième et quatrième un peu moins petites, formant avec leurs pareilles une rangée transversale après le tiers ou aux deux cinquièmes de la longueur : la troisième ou interne de moitié plus voisine de la suture que l'interne antérieure : la quatrième de moitié plus rapprochée du bord externe que l'externe antérieure : la cinquième, un peu plus petite, sur le milieu de l'élytre dont elle occupe à peine plus du quart médiaire vers les cinq septièmes ou un peu moins de la longueur. Repli et *dessous du corps* d'un rouge analogue au dessus. *Pieds* noirs.

PATRIE : Sainte-Catherine (Brésil), (collect. Chevrolat, Deyrolle).

Page 226 :

Après les Discotomaires décrits, ajoutez :

Genre *Pristonema*, PRISTONÈME, Erichson (1).

Antennes de onze articles : les troisième à huitième dentés en scie, à dents peu serrées : les neuvième à onzième constituant une petite massue piriforme. *Palpes maxillaires* fortement sécuriformes : les labiaux, petits, filiformes. *Tarses* à deuxième article lobé. *Ongles* munis d'une dent basilaire.

1. **P. coccinea**, ERICHSON. *Suborbiculaire ; faiblement convexe ; glabre et brillante en dessus ; de couleur écarlate. Prothorax orné de chaque côté d'une grande tache blanche. Tarses et antennes bruns : celles-ci, avec le premier article blanc.*

Long. 0,0061 (2 3/4 l.).

PATRIE : le Pérou.

Cette espèce que je n'ai pas vue, doit faire modifier de la manière suivante les caractères des Discotomaires, page 214 :

---

(1) Conspectus insectorum Coleopterorum quæ in republica peruana observata sunt (ERICHSON), Archiv. fuer Naturg. t. 13, (1847) 1re partie 182.

Antennes ordinairement de neuf à dix articles apparents, dont les troisième et cinquième, parfois très-petits ; quelquefois cependant de onze articles, mais alors dentées en scie à partir du troisième.

Et il faut ajouter au tableau, p. 215. GENRES.

Antennes de onze articles, dont les trois derniers en massue piriforme. *Pristonema.*

Page 229 :

Modifiez de la manière suivante les lignes onze et douze du tableau. Au lieu de :

Prosternum uniformément relevé en carène jusqu'à son bord antérieur,

Mettez .

Prosternum relevé en carène peu ou point affaiblie antérieurement. Elytres en ogive à leur partie postérieure. Corps médiocrement convexe.	Antennes plus ou moins sensiblement dentées.	*Pelina.*
	Antennes non dentées	*Ballia.*

Pag 236 :

3B **Caria superba.** *Suborbiculaire ; convexe ; d'un rouge vermillon, en dessus. Prothorax orné de deux points noirs, situés chacun vers les deux tiers de la longueur et le tiers de la largeur. Elytres marquées chacune de sept points semblables : un sur le calus : trois en rangée transversale vers le tiers (l'externe étendu presque jusqu'au bord) : trois en rangée arquée en devant, vers les deux tiers.*

Long. 0m,0117 (5 1/4 l.). Larg. 0m.0100 (4 1/2 l.).

Corps suborbiculaire ; convexe; pointillé; luisant ou brillant; d'un rouge vermillon, en dessus. *Antennes* et *palpes* d'un rouge testacé. *Prothorax* élargi en ligne peu courbe et non sinuée; arqué en arrière et tronqué au devant de l'écusson, à la base ; marqué de deux taches ponctiformes noires, situées vers les deux tiers de la longueur, et chacune vers le tiers externe de la largeur. *Ecusson* triangulaire; noir. *Elytres* arrondies aux épaules; à tranche sans rebord, médiocrement déclive, égale au cinquième ou presque au quart de la largeur vers le tiers de la longueur; ornées chacune de sept points noirs, à peu près égaux à ceux du prothorax : le premier, sur le calus : les deuxième, troisième et quatrième, formant une rangée transversale ou à peine arquée en arrière vers le tiers de la longueur : le deuxième, au sixième, voisin de la suture : le troisième, un peu plus postérieur, presque vers la moitié de la largeur : le quatrième, en forme de ligne tranverse, commençant aux deux tiers ou un peu plus et prolongée presque jusqu'à la tranche : les cinquième, sixième et septième, constituant une rangée arquée en devant, vers les deux tiers de la longueur : le cinquième, très-voisin de la suture : le sixième, plus antérieur, vers le milieu de la largeur : le septième, un peu transverse, rapproché du bord externe. *Repli* d'un rouge moins vif, laissant apparaître un peu le quatrième point noir des élytres. *Dessous du corps* de la couleur à peu près du repli, sur l'antépectus; noir, sur les médi et postpectus et sur la partie médiaire du ventre jusqu'à la fin du troisième arceau, d'un rouge flave sur le reste : épimères du médipectus, de cette dernière couleur : postépisternum et épimères postérieures, d'un rouge brunâtre. *Pieds* d'un rouge jaunâtre.

PATRIE : les Indes, (collect. Deyrolle).

OBS. La fossette du repli prothoracique est peu profonde ou peu prononcée chez cette espèce.

Page 243. — 2. **Leis basalis**; REDTENBACHER.

OBS. quelquefois les élytres sont marquées chacune d'un point noir sur le calus huméral. (les Indes, collect. Deyrolle).

Page 257.

A la fin de la description de la *Leis. 22-signata*, ajoutez :

Variation des Elytres.

Obs. Quelquefois les taches ponctiformes noires des élytres acquièrent plus de développement et se lient en partie ensemble. Les quatrième et cinquième, septième et huitième, dixième et onzième sont celles qui paraissent les plus sujettes à présenter ces sortes d'union. Divers exemplaires reçus en communication de M. Buquet sembleraient même fournir la preuve que la *Leis clathrata* n'est que le produit d'une union plus générale des taches des élytres, ainsi que j'en avais déjà émis le soupçon p. 255. Cette dernière doit donc être supprimée et considérée comme une simple variété de la *L.22-signata*.

Page 261.

12 **Leis frigida**. *Brièvement ovale. Prothorax flave, paré sur son milieu d'une sorte d'M noire. Elytres d'un jaune testacé, ornées chacune de six ou sept points noirs : un, sur le calus: trois, en rangée arquée en arrière, vers le tiers: deux, en rangée subtransversale vers les trois cinquièmes ou un peu plus : un, parfois peu marqué, juxta-sutural, aux cinq sixièmes, sur un pli transversal.*

État normal. *Prothorax* flave ou d'un blanc flavescent, orné sur son milieu d'une sorte d'M noire, n'atteignant pas le bord antérieur, ne dépassant pas extérieurement la sinuosité postoculaire, à branches externes larges, occupant le tiers médiaire de chacun des côtés de la base situés entre le milieu et l'angle postérieur, laissant au devant de l'écusson deux taches foncières. *Elytres* d'un jaune testacé, ornées chacune de six ou sept points noirs, assez petits: le premier, sur le calus: les deuxième, troisième, quatrième, en rangée arquée en arrière, vers le tiers ou un peu plus de la longueur: le deuxième ou interne, voisin de la suture: le quatrième ou externe, aussi rapproché du bord extérieur: le troisième, entre deux, sensiblement plus postérieur: les cinquième et sixième, en rangée subtransversale ou faiblement arquée en devant : le cinquième, un peu moins voisin de la suture que le deuxième, un peu avant les trois cinquièmes de la longueur: le sixième, presque aussi voisin du bord extérieur que le quatrième, un peu après les trois cinquièmes de la longueur. le septième, parfois peu marqué, voisin de la suture, aux cinq sixièmes ou environ de la longueur, situé sur un pli transversal.

Long. 0,0061 (2 3/4 l.).

Corps brièvement ovale ; convexe ou médiocrement convexe ; pointillé ; luisant en dessus. *Tête* flave ou d'un blanc flavescent, marquée sur l'épistome, d'une tache noire, en carré long. *Antennes* et *palpes* testacés : ceux ci, à extrémité noire. *Prothorax* étroitement et très-faiblement relevé en rebord sur les côtés. *Ecusson* noir. *Elytres* largement en ogive postérieurement ; à tranche nulle ou presque nulle, chargées vers les cinq sixièmes de leur longueur, d'un pli lié à la suture, transversalement prolongé presque jusqu'à la moitié de leur largeur. *Dessous du corps* brun ou d'un brun noir sur la poitrine, brun sur le tiers médiaire du ventre, d'un flave testacé sur les côtés de celui-ci. Epimères plus pâles. *Pieds* d'un fauve testacé.

PATRIE : la Sibérie, (collect. Saucerotte).

Page 274.

Genre *Ballia*, BALLIE.

CARACTÈRES. *Plaques abdominales* arquées au côté interne, jusque vers le quart externe de la largeur, rapprochées du bord postérieur de l'arceau qu'elles suivent ensuite d'une manière parallèle jusqu'au côté externe. *Ongles* munis d'une dent basilaire. *Epistome* assez faiblement bidenté. *Prothorax* assez fortement échancré en devant ; en ligne plus ou moins courbe jusqu'aux trois cinquièmes environ de la longueur des côtés, subarrondi aux angles postérieurs ; arqué en arrière d'une manière faiblement bissinuée ; médiocrement convexe ; non creusé d'une fossette sur son repli. *Elytres* d'un quart ou d'un tiers plus larges en devant que le prothorax ; émoussées ou subarrondies aux épaules ; à tranche médiocre ou assez large, soit déclive, soit faiblement en gouttière ; en ogive plus ou moins étroite postérieurement. *Prosternum* relevé en carène peu ou point affaiblie antérieurement. *Mésosternum* échancré. *Corps* médiocrement ou assez faiblement convexe.

1. **B. Christophori.** *Ovalaire; médiocrement convexe. Prothorax noir, avec le rebord en partie jaunâtre. Elytres subcordiformes, subacuminées postérieurement; à tranche déclive et à peine plus large que le septième de la largeur, vers le tiers de la longueur; noires, ornées chacune d'une bande et d'une ligne d'un jaune pâle: la bande, basilaire, transversalement prolongée jusqu'à la suture, sur un cinquième environ de la longueur: la ligne, située près de la suture, au quart de la largeur, de la moitié aux deux tiers de la longueur.*

ÉTAT NORMAL. *Prothorax* noir, paré d'une bordure d'un flave testacé, très-étroite, peu apparente, ne couvrant que le rebord, depuis a sinuosité postoculaire jusqu'aux deux tiers de la longueur des côtés. *Élytres* noires, avec la base et une tache sur chacune d'un jaune pâle: la partie basilaire jaune, formant une bande transversale étendue jusqu'à l'écusson et laissant ensuite sur chaque élytre une bordure suturale noire aussi large en devant que l'écusson et un peu plus large postérieurement, couvrant presque un cinquième de la longueur du bord externe, quadrisinueuse à son bord postérieur: la tache, en forme de bande ou de ligne longitudinale, prolongée de la moitié environ de la longueur aux deux tiers, vers le quart interne de la largeur.

Long. 0,0084 (3 3/4 l.). Larg. 0,0061 (2 3/4 l.).

Corps ovalaire; médiocrement convexe; peu distinctement pointillé; luisant. *Tête* noire, avec la partie médiaire obscurément d'un roux testacé. *Antennes* et *palpes* de cette couleur. *Prothorax* élargi en ligne courbe; très-étroitement rebordé; en angle très-ouvert et dirigé en arrière à la base. *Elytres* subcordiformes, subacuminées, offrant vers le tiers leur plus grande largeur, rétrécies ensuite et d'une manière subsinueuse avant l'angle sutural; munies latéralement d'une tranche déclive, égale environ au septième de la largeur vers le tiers de la longueur. Repli d'un noir brun, avec une tache basilaire d'un jaune pâle. *Dessous du corps* et *pieds* noirs: tarses d'un roux testacé.

PATRIE : les parties boréales des Indes orientales, (collection Deyrolle).

OBS. Le dessin des élytres doit probablement varier.

J'ai dédié cette espèce à mon ami M. l'abbé Christophe, dont l'entomologie occupait autrefois les loisirs, et qui vient de s'élever au rang de nos premiers écrivains, par son *Histoire de la papauté durant le* XIVe *siècle.*

2. B. **Brahmæ**. *Ovale ; médiocrement convexe. Prothorax noir, largement bordé de blanc flavescent. Elytres fauves ou d'un brun roussâtre, ornées chacune de sept taches d'un blanc flavescent, bordées de noir : une juxta-scutellaire : une liée au bord externe, près de l'épaule : trois en rangée transversale, vers le milieu : deux en rangée arquée, vers les trois quarts : les deux externes de ces rangées liées au bord externe.*

ETAT NORMAL. *Prothorax* noir, orné de chaque côté d'une large bordure ovalaire, d'un blanc flavescent, étendue en devant jusqu'à la sinuosité postoculaire et couvrant le cinquième environ de la base. *Elytres* fauves, couleur de bois ou d'un brun roussâtre, ornées chacune de sept taches d'un blanc flavescent bordées de noir : la première, en carré allongé, liée, aux côtés de l'écusson, à la base, dont elle égale environ le quart : la deuxième, la plus grosse, liée au bord externe, qu'elle couvre presque depuis l'épaule jusqu'au sixième ou presque au cinquième de la longueur, obliquement étendue d'avant en arrière jusqu'au tiers externe de la largeur : les troisième, quatrième et cinquième, formant avec leurs semblables une rangée transversale vers le milieu de la longueur : les troisième et quatrième, les plus petites, situées entre la suture et le milieu de la largeur : la cinquième, plus grosse, liée au bord externe et transversalement étendue jusqu'au milieu de la largeur : les sixième et septième, formant avec leurs pareilles une rangée transversale un peu arquée, vers les trois quarts de la longueur : la septième, presque en triangle dont le côté le plus large est lié au bord externe : la sixième, obtriangulaire, liée à la septième par son angle antéro-externe, étendue jusqu'au quart interne de la largeur.

Long. 0,0084 (3 3/4 l.). Larg. 0,0067 (3 l.).

Corps ovale; médiocrement convexe; pointillé; lisse, luisant. *Tête* d'un blanc jaunâtre, parée d'un bandeau noir interrompu à sa partie postérieure. *Antennes* et *palpes* d'un flave testacé : les premières, à extrémité noire. *Elytres* d'un quart au moins plus larges en devant que le prothorax à ses angles postérieurs; ovalaires, en ogive étroite à partir de leur seconde moitié. *Dessous du corps* noir. *Pieds* d'un brun roux, plus clair sur les jambes et surtout sur les tarses.

PATRIE : les parties boréales de l'Inde, (collect. Deyrolle).

3. B. **Gustavii.** *Ovale, médiocrement convexe. Prothorax et élytres flaves ou d'un flave roussâtre : le premier, marqué de deux grosses taches liées à la base de chaque côté de la ligne médiane : les secondes, à tranche peu déclive, égale au septième de la largeur, parées d'une bordure suturale formant une tache scutellaire, et une plus grande de la moitié aux quatre cinquièmes, et chacune de huit autres taches, rousses : les deux premières, près de la base : les troisième, quatrième et cinquième, en rangée transversale à peine arquée, aux deux cinquièmes: les sixième et septième en rangée semblable, aux trois cinquièmes : la huitième vers l'angle sutural.*

ÉTAT NORMAL. *Prothorax* et *élytres* flaves, ou peut-être d'un blanc flavescent pendant la vie, flaves ou d'un flave légèrement roussâtre après la mort : le *prothorax* orné de deux taches rousses, liées à la base de chaque côté de la ligne médiane, couvrant chacune la moitié de la partie du bord postérieur comprise entre la ligne médiane et l'angle, avancées jusqu'aux quatre cinquièmes antérieurs : les *élytres*, ornées d'une bordure suturale irrégulière, et chacune de huit taches rousses: la bordure suturale constituant une tache scutellaire une fois au moins plus longue que large, prolongée jusqu'au huitième de la longueur, réduite ensuite à peu près au rebord, renflée de la moitié aux quatre cinquièmes en losange très-allongée, égale dans sa partie la plus dilatée au sixième de la largeur de chaque élytre, puis réduite au rebord ou peu distincte jusqu'à l'extrémité :

les première et deuxième taches, subbasilaires, formant avec leurs semblables une rangée arquée en arrière : la première, orbiculaire, égale aux deux cinquièmes de la largeur, séparée de la suture d'un cinquième,et moitié moins de la base : la deuxième,de deux tiers plus étroite, humérale : les troisième,quatrième et cinquième, constituant, sur chaque élytre, une rangée transversale ou faiblement arquée en arrière, naissant aux deux cinquièmes du bord externe, un peu plus avancée sur la suture : la troisième, la plus grosse de toutes, égale aux deux cinquièmes de la largeur, orbiculaire, très-voisine de la suture, liée ou à peu près à la première par sa partie antéro-externe : la quatrième, ovalaire, une fois plus étroite, liée à la troisième, un peu moins avancée et un peu plus postérieure que celle-ci : la cinquième, plus courte, à peine plus étroite, presque liée à la quatrième, notablement isolée du bord externe : les sixième et septième, formant avec la tache suturale postérieure et leurs pareilles une rangée transversale faiblement arquée en devant: la sixième, suborbiculaire, égale au tiers de la largeur, un peu plus rapprochée de la suture que du bord externe : la septième, suborbiculaire, un peu plus courte, entre la sixième et le bord marginal : la huitième, suborbiculaire, un peu plus grosse que la sixième, près de l'angle sutural.

Long. 0^m,0095 (4 1/2 l.) Larg. 0,0074 (3 1/3 l.).

Corps ovale, médiocrement convexe; pointillé; lisse; luisant. *Tête* d'un flave roussâtre. *Antennes* et *palpes* de même couleur. *Prothorax* élargi en ligne courbe, émoussé aux angles postérieurs. *Elytres* d'un quart ou d'un tiers plus large en devant que le prothorax à ses angles postérieurs; ovalaires, plus larges vers les deux cinquièmes, en ogive dans leur seconde moitié ; à tranche peu déclive, égale au septième ou presque au sixième de la largeur, vers la moitié de la longueur. *Repli* d'un roux orangé. *Dessous du corps* d'un roux orangé sur l'antépectus, noir sur les autres parties pectorales et sur le ventre. Bord des arceaux de ce dernier, roux. *Pieds* d'un roux orangé.

Patrie : les parties boréales de l'Inde, (collect. Deyrolle); l'Himalaya, (collect. Mannerheim).

J'ai dédié cette espèce à M. le comte Gustave de Mannerheim, l'une des gloires de l'Entomologie.

4. **B. Eucharis**. *Ovalaire; médiocrement convexe; d'un flave testacé, en dessus. Elytres subcordiformes, offrant vers le tiers leur plus grande largeur ; ornées chacune de trois points noirs: 1° sur le calus: 2° aux deux septièmes de la gouttière: 3° vers les deux tiers de la longueur et les deux cinquièmes internes de la largeur. Dessous du corps noir. Pieds d'un roux testacé.*

Etat normal. *Prothorax* et *élytres*, d'un flave testacé: le premier, sans taches: les secondes, ornées chacune de trois points noirs: le premier sur le calus: le deuxième, le plus gros, sur la gouttière, vers les deux septièmes de la longueur, non prolongé jusqu'au bord externe: le troisième, le plus petit, vers les deux tiers ou un peu moins de la longueur, et les deux cinquièmes internes ou un peu plus de la largeur.

Long. 0,0090 (4 l.). Larg. 0.0067 (3 l.).

Corps ovalaire; médiocrement convexe; superficiellement pointillé sur les élytres; lisse; luisant; d'un flave testacé, en dessus. *Tête antennes* et *palpes*, de même couleur. *Prothorax* arqué sur les côtés; élargi d'avant en arrière; subarrondi ou émoussé à ses angles postérieurs; en arc dirigé en arrière et à peine bissinué, à la base; médiocrement convexe sur le dos, sensiblement relevé du quart externe au bord latéral. *Elytres* subcordiformes, offrant vers le tiers leur plus grande largeur, en ogive assez étroite postérieurement; médiocrement ou peu fortement convexes; offrant sur les côtés une gouttière égale au huitième environ de la largeur vers le tiers de la longueur, presque nulle après la moitié. *Repli* d'un flave testacé, marqué de la tache juxta-marginale. *Dessous du corps* noir, avec les côtés de l'antépectus d'un flave testacé, et les épimères des médi et postpectus flaves. *Pieds* fauves ou d'un fauve roux.

Patrie: les parties boréales des Indes orientales, (collection Deyrolle).

5. B. **Montivaga**. *Ovalaire ; médiocrement convexe. Prothorax noir sur son tiers médiaire, flave sur les côtés. Elytres subcordiformes,*

offrant vers les deux cinquièmes leur plus grande largeur; *d'un flave testacé. Dessous du corps et pieds d'un noir brun : extrémité des jambes et tarses fauves.*

ÉTAT NORMAL. *Prothorax* noir sur sa partie longitudinalement médiaire, flave ou d'un jaune pâle sur les côtés : la partie noire, couvrant en devant jusqu'à la moitié des yeux, subparallèle ou faiblement rétrécie ensuite jusqu'aux deux cinquièmes de la longueur, puis progressivement et peu élargie, couvrant le tiers médiaire de la base. *Elytres* d'un flave testacé, sans taches, ou offrant, près du bord externe, une légère tache noirâtre vers le tiers ou un peu moins de la longueur.

Long. $0^m,0090$ (4 l.). Larg. $0^m,0074$ (2 1/3 l.).

Corps ovalaire; médiocrement convexe; superficiellement pointillé sur les élytres; lisse, luisant. *Tête* d'un jaune testacé, parée à sa partie postérieure d'un bandeau noir, arqué en arrière, souvent en partie voilé par le bord antérieur du prothorax; bordée de noir à la partie antérieure de l'épistome, et marquée d'une tache de même couleur sur le labre. *Antennes* et *palpes* d'un flave testacé, à extrémité obscure. *Prothorax* arqué sur les côtés; élargi d'avant en arrière; subarrondi ou émoussé à ses angles postérieurs; en arc dirigé en arrière et à peine bissinué, à la base; médiocrement convexe sur le dos, légèrement relevé du quart externe au bord sutural. *Elytres* subcordiformes, offrant vers les deux cinquièmes leur plus grande largeur, en ogive assez étroite postérieurement; médiocrement ou peu fortement convexes; offrant sur les côtés une gouttière égale environ au septième de la largeur vers le tiers de la longueur, très déclive ou nulle après la moitié. *Repli* d'un jaune testacé. *Dessous du corps* noir sur la poitrine, brun sur le ventre : épimères des médi et postpectus, blanches. *Pieds* : cuisses noires ou d'un noir brun ; jambes graduellement d'un brun roux ou d'un roux brunâtre à l'extrémité : tarses de cette dernière couleur.

PATRIE : les parties boréales de l'Inde, (collect. Deyrolle).

6 B. **Testacea**. *Ovalaire ; médiocrement convexe ; d'un jaune d'ocre ou d'un flave ou jaune testacé, en dessus. Elytres offrant vers le tiers leur plus grande largeur. Dessous du corps d'un roux testacé. Pieds plus pâles.*

ETAT NORMAL. *Prothorax* d'un flave testacé, sans taches. *Elytres* à peine moins pâles, également sans taches.

Long. 0,0090 (4 l.). Larg 0,0072 (3 1/4 l.).

Corps ovalaire ; médiocrement convexe ; superficiellement pointillé sur les élytres ; lisse ; luisant. *Tête, antennes* et *palpes* d'un flave testacé. *Prothorax* arqué sur les côtés ; élargi d'avant en arrière ; subarrondi ou émoussé aux angles postérieurs ; en arc dirigé en arrière et à peine bissinué, à la base ; convexe sur le dos, sensiblement relevé du quart externe au bord latéral. *Elytres* ovalaires, offrant vers le tiers de leur longueur leur plus grande largeur, en ogive peu étroite, postérieurement ; médiocrement convexes ; offrant sur les côtés une gouttière déclive, égale environ au sixième de la largeur, vers les deux septièmes de la longueur, à peu près nulle après la moitié. *Dessous du corps* d'un roux testacé, avec les épimères des médi et postpectus et les épisternums, d'un blanc flavescent. *Pieds* d'un roux testacé plus pâle.

PATRIE : les parties boréalos de l'Inde, (collect. Deyrolle).

Page 278.

3B Neda **flavens**. *Hémisphérique. Prothorax et élytres d'un jaune pâle : le premier, avec le rebord externe et une bordure basilaire égale à la moitié de la tranche, mais extérieurement rétrécie, noirs : les secondes, ornées d'une bordure suturale graduellement renflée vers les trois septièmes d'une bordure externe couvrant la tranche, noires.*

Long. 0,0084 (3 3/4 l.). Larg. 0,0078 (3 1/2 l.).

Corps hémisphérique ; d'un jaune de gomme-gutte pâle, lisse et brillant, en dessus. *Antennes* et *palpes* d'une couleur analogue. *Prothorax* à peine rebordé, mais non relevé en rebord, sur les côtés ; à rebord latéral noir ; paré à la base d'une bordure de même couleur, égale environ à la moitié de la largeur de la tranche des élytres vers la moitié de leur longueur, inégale, faiblement entaillée au devant de l'écusson, graduellement rétrécie à partir du tiers externe jusqu'à l'angle postérieur. *Ecusson* noir. *Elytres* à tranche égale au huitième de la largeur, vers les deux cinquièmes de la longueur, un peu plus large vers la moitié, rétrécie en se rapprochant de l'angle sutural ; ornées d'une bordure suturale et d'une bordure externe, noires : la bordure suturale, à peine plus large que la moitié de l'écusson, vers l'extrémité de celui-ci, graduellement renflée jusqu'aux trois septièmes de la longueur, où elle égale les trois cinquièmes de la tranche sur la même ligne transversale, progressivement rétrécie ensuite jusqu'à l'angle sutural, où elle est aussi étroite qu'en devant : la bordure externe, couvrant la tranche. *Repli* d'un jaune pâle, extérieurement bordé de noir. *Dessous du corps* noir : épimères du médipectus, flaves. *Pieds* noirs : cuisses antérieures et intermédiaires d'un jaune pâle sur leur face antérieure.

PATRIE ? (collect. Chevrolat).

OBS. Je n'ai vu que l'un des sexes.

Page 281 :

Neda peruviana. Après la synonymie, ligne 17, ajoutez :

Variations des Elytres.

Obs. J'ai reçu en communication, de M. Chevrolat, un exemplaire de cette espèce dont la bordure suturale noire des élytres devant couvrir toute la base de celle-ci, était réduite au cinquième de la largeur vers le cinquième de la longueur, et graduellement rétrécie ensuite de là à l'angle sutural.

Page 288 :

11[B] **Neda æquatoriana.** *Suborbiculaire, un peu en toit. Prothorax noir, orné de chaque côté, à partir de la sinuosité postocu-*

laire, d'une tache ovalaire, d'un jaune testacé. Elytres d'un jaune testacé, ornées chacune de six taches noires, subponctiformes : la première, sur le calus : la deuxième, juxta-suturale, vers le quart de la longueur : les troisième et quatrième, en rangée transversale, vers le tiers (l'externe, liée à la tranche et prolongée jusqu'au bord externe : l'interne, discale, petite) : les cinquième et sixième, petites, vers les deux tiers (l'externe, liée à la tranche : l'interne, discale, un peu plus antérieurement) : les troisième, cinquième et même première, parfois nulles.

Etat normal. *Prothorax* noir sur sa partie médiaire : cette partie, égale en devant au bord postérieur de l'échancrure, élargie en arc rentrant à partir de la moitié de la longueur, couvrant la base et le quart postérieur des bords latéraux, laissant sur les côtés une tache ovale d'un jaune flave, d'un flave testacé ou couleur d'argile, prolongée au moins jusqu'aux quatre cinquièmes de la longueur. *Elytres* d'un jaune flave ou testacé de couleur d'argile, ornées chacune de six taches noires : la première, en forme de point assez gros, sur le calus : la deuxième, ovale, voisine de la suture, du cinquième aux deux septièmes de la longueur : les troisième et quatrième, en rangée transversale, vers le tiers de la longueur : la troisième ou interne, petite, ponctiforme, sur le disque : la quatrième ou externe, naissant près de la tranche et prolongée transversalement sur celle-ci en forme de bande courte, jusqu'au bord extérieur : les cinquième et sixième, petites, ponctiformes, formant avec leurs semblables une rangée transversale arquée : la sixième ou externe, liée à la tranche, vers les deux tiers de la longueur : la cinquième ou interne, un peu plus antérieure, vers la moitié de la largeur.

Variations des Elytres.

Obs. Quelques-unes des taches sont sujettes à faire défaut ; ce sont principalement les troisième et cinquième qui sont les plus petites ; parfois même celle du calus manque également.

Long. $0^{m},0078$ (3 1/2 l.). Larg. $0^{m},0078$ (3 1/2 l.).

Corps suborbiculaire ; convexe ; pointillé ; luisant. *Tête* d'un flave testacé, ornée sur le milieu du front d'une bande longitudinale noire, élargie en devant. *Prothorax* à peine rebordé sur les côtés; obtus au devant de l'écusson : celui-ci, noir. *Elytres* convexes, à tranche égale environ au quart de la largeur, vers les deux cinquièmes de la longueur ; en ogive postérieurement. *Repli* de la couleur du dessus, marqué d'une tache noire correspondant à la quatrième. *Dessous du corps* et *pieds* noirs.

PATRIE : les environs de Quito, (J. Bourcier); Venezuela, (collect. Deyrolle).

Elle m'a été envoyée par M. J. Bourcier.

Page 291. — Ligne troisième, au lieu de *bordure suturale*, lisez : *bordure marginale*.

Page 291 :

18B **Neda illuda.** *Suborbiculaire, un peu en toit. Prothorax noir, orné de chaque côté, à partir de la sinuosité postoculaire, d'une tache jaune ou testacée, prolongée au moins jusqu'aux deux tiers. Elytres d'un rouge roux, ornées chacune de trois taches subponctiformes noires : la première, juxta-suturale aux deux septièmes : la deuxième, moins petite, liée à la gouttière ou même étendue jusqu'au bord externe, vers le tiers : la troisième, voisine de la gouttière, vers les deux tiers.*

Long. $0^m,0078$ (3 1/2 l.). Larg. $0^m,0072$ (3 1/4 l.).

Corps suborbiculaire ; convexe ; pointillé; luisant. *Tête* noire, bordée de flave au côté interne des yeux : labre de même couleur. *Antennes* et *palpes* d'un flave testacé : extrémité des premières et dernier article des seconds, noirs. *Prothorax* arqué et élargi d'avant en arrière sur les côtés ; peu émoussé au devant de l'écusson, à la base ; convexe, mais sensiblement moins déclive sur les côtés ; noir , paré d'une tache ordinairement d'un beau jaune, parfois testacée, de grandeur un peu variable, étendue en devant jusqu'à la sinuosité postoculaire ou un peu plus, arrondie et prolongée postérieurement jusqu'aux deux tiers ou aux trois quarts de la longueur. *Ecusson* noir. *Elytres* convexes, un peu en toit ; à tranche égale au cinquième ou au sixième de la largeur vers les deux cinquièmes de la longueur, graduellement rétrécie ensuite de là à l'angle sutural ; d'un rouge roux ; ornées chacune de trois sortes de points noirs : le premier, voisin de la suture, presque égal au quart de la largeur : le deuxième, vers le tiers de la longueur, plus gros, lié à la limite interne de la tranche et dilaté jusqu'au bord ou presque jusqu'au bord externe, formant avec le premier et ceux de l'autre élytre une rangée arquée ; le troisième, un peu plus petit que le premier, voisin des limites internes de la tranche, vers les deux tiers de la longueur. *Repli* de même couleur. *Dessous du corps* et *pieds* noirs.

PATRIE : la Colombie, (collect. Perroud).

OBS. On dirait voir en elle une *N. subdola* manquant de bordure marginale et offrant une tache ponctiforme juxta-suturale à la place de la tache basilaire, noire.

Page 292. — **Neda andicola**. Elle paraît identique avec la **Cocc. patula**, ERICHSON Conspect. Insect. coleopt. peruan. ERICHSON'S, Archiv. t. 13, 1re part. page 182. 4. et le nom de *patula* doit lui être rendu.

Page 301. — Après la description de la *Daulis testudinaria*, ajoutez :

OBS. Quelquefois le réseau des élytres est plus incomplet : la ligne longitudinale n'arrive pas jusqu'à la première bande transversale, et les deux lignes transversales sont peu ou point apparentes dans leur moitié interne.

Page 320. — Ligne 16, au lieu de : **D. puncticolis**, lisez : **D. puncticollis**.

Page 343. — Après la ligne 15, ajoutez :

SEPTIÈME BRANCHE.

Page 344. — Ligne 5, au lieu de : 1. **D torquata**, lisez : 1. **A. torquata**.

Page 346.

2B. **Alesia sybillina.** *Subhémisphérique ; flave, en dessus. Prothorax paré d'un réseau noir, quadrifestonné en devant, divisé en quatre aréoles. Elytres ornées d'une bordure suturale, d'un rebord externe et d'un réseau, noirs : celui-ci naissant du milieu de la base et lié à la bordure suturale vers les sept huitièmes, divisé en deux bandes unies dans leur milieu par un lien oblique formant deux aréoles : la bande interne, courbée d'abord en demi-cercle dirigé en arrière, et offrant une dent antérieure au côté interne de cette coubure.*

ETAT NORMAL. *Prothorax* flave, paré d'une bordure basilaire noire, prolongée sur les côtés et avancée, en se rétrécissant, jusque près des angles de devant : cette bordure, unie par trois liens dirigés en avant à une bande quadrifestonnée en devant, naissant près des angles postérieurs, presque liée à la sinuosité postoculaire par l'angle antéro-externe des festons juxta-médiaires : ceux-ci séparés jusqu'au milieu de la longueur : ces bandes continuant un réseau offrant au devant de la bordure basilaire quatre mailles : les latérales, plus petites, subarrondies : les juxta-médiaires obliques, ovalaires. *Elytres* flaves, parées d'une bordure suturale, d'une externe et d'un réseau, noirs : la bordure suturale, à peine plus large que l'écusson, faiblement élargie jusqu'aux quatres cinquièmes, rétrécie ensuite de là à l'angle sutural : la bordure externe, réduite au rebord, avancée en s'élargissant jusqu'au milieu de la base : le réseau, naissant du milieu de la base, passant sur le calus, divisé ensuite pour former deux bandes ; l'externe, graduellement rétrécie jusqu'aux deux septièmes de la longueur, puis continuée par une plus épaisse, rapprochée d'un cinquième de la largeur, vers le milieu de la longueur du bord externe qu'elle suit ensuite parallèlement, prolongée jusqu'à la suture vers les sept huitièmes de la longueur: l'interne, courbée d'abord en demi-cercle dirigé en arrière et formant une dent vers le dixième de la longueur, où elle est séparée de la bordure suturale par un espace faiblement plus grand que la largeur de cette bordure sur chaque élytre, prolongée longitudinalement et d'une manière parallèle à la bordure suturale jusqu'aux quatre septièmes de la longueur, puis courbée un peu en dehors pour se réunir à la bande vers le milieu de la largeur et aux trois quarts ou un peu plus de la longueur: ces deux bandes, unies par un lien prolongé de l'externe, au tiers de la longueur, jusqu'à l'interne vers le milieu de la longueur: ce réseau divisant la surface de chaque élytre en quatre aires: l'externe en forme de bande longitudinale prolongée de l'épaule à l'angle sutural: l'interne, presque en forme de 7 sur l'élytre gauche: les deux autres subarrondies: l'antérieure plus grande et plus ovalaire: la bande externe, et moins sensiblement la discale antérieure, de teinte rosée: les autres flaves.

Long. 0^m,0056 (2 1/2 l.). Larg 0^m,0045 (2 l.),

Corps subhémisphérique; peu fortement convexe; pointillé; luisant. *Tête*, *antennes* et *palpes* flaves. *Ecusson* noir. *Elytres* faiblement relevées en rebord et à tranche étroite. *Repli* d'un flave rosé, extérieurement bordé de noir. *Dessous du corps* noir. Epimères des médi et postpectus, blanches. *Pieds* d'un blanc flavescent: cuisses noires au moins en partie sur la tranche supérieure: les postérieures, en majeure partie, noires.

Patrie : les plateaux élevés de l'Abyssinie, (collect. Saucerotte).

Page 319. — Après les observations qui terminent la description de l'*Alesia annulata,* ligne 33, ajoutez :

Quelquefois la couleur du dessus du corps est d'un flave inégalement teint de rougeâtre et de rosé.

J'ai vu dans la collection de M. le docteur Saucerotte, un individu chez lequel la bande des élytres formant un anneau s'était dilatée et liée à la bordure suturale du quart à la moitié ou un peu plus de la longueur. La surface de chaque élytre se trouvait ainsi partagée en cinq aréoles au lieu de quatre.

Cet exemplaire provenant des plateaux élevés de l'Abyssinie, était une ♀ ; offrant le front en majeure partie noir, et les cuisses de même couleur.

Page 351.

5[B]. **Alesia bidentata.** *Subhémisphérique. Prothorax d'un blanc flavescent, orné d'un réseau noir divisant les deux tiers postérieurs en quatre aréoles. Elytres à tranche égale environ au dixième de la largeur; d'un rouge brunâtre assez vif, ornées d'une bordure suturale, d'une bordure externe couvrant la tranche, d'une bande longitudinale sinuée dans son milieu, naissant vers la moitié de la base, postérieurement courbée vers la suture, aux cinq sixièmes de la longueur, émettant à son côté interne, deux dents: l'une, au sixième, l'autre vers la moitié de la longueur, noires; parées au côté de l'écusson d'une tache d'un blanc flavescent, prolongée en bande longitudinale du côté interne de la bande noire.*

Long. 0,0078 (3 1/2 l.). Larg. 0,0056 (3 1/2 l.).

Corps subhémisphérique ; lisse ; luisant ; pointillé en dessus. *Tête* d'un blanc flavescent ; ornée d'une bande longitudinale médiaire, noire,, rétrécie vers les deux tiers : labre noir. *Antennes* et *palpes* d'un blanc flavescent. *Prothorax* élargi d'avant en arrière, arrondi aux angles postérieurs ; arqué en arrière à la base ; d'un blanc flavescent ; orné sur ses deux tiers postérieurs d'un réseau noir formant quatre aréoles : ce réseau, formé d'une bande basilaire couvrant les cinq septièmes du bord postérieur : 2° d'une bande quadrifestonnée, partant du milieu d'un bord externe et transversalement prolongée jusqu'à l'autre : 3° de trois bandes longitudinales servant à unir les deux bandes précédentes : l'une, sur la ligne médiaire ; chacune des autres vers le quart externe de la largeur. *Ecusson* triangulaire ; noir.

Elytres d'un quart plus larges en devant que le prothorax à ses angles postérieurs; convexes, à tranche marginale peu déclive, de largeur presque uniforme, égale au dixième de la largeur d'une élytre, vers la moitié de la longueur; d'un rouge brunâtre, ornées d'une bordure marginale, d'une externe et d'une bande longitudinale, bidentées, noires, et parées d'une tache juxta-scutellaire et d'une bande longitudinale, d'un blanc flavescent: la bordure suturale, égale à peu près à la largeur de la marginale: celle-ci, naissant un peu après la moitié de la base, couvrant la tranche: la bande longitudinale, un peu plus étroite que les autres, naissant vers la moitié de la base, prolongée presque parallèlement au bord externe, vers les deux tiers ou un peu moins de la largeur, sinuée dans le milieu de sa longueur, courbée à son extrémité vers la bordure suturale à laquelle elle se lie vers les cinq sixièmes de la longueur, armée à son côté interne de deux fortes dents: l'antérieure, à peine vers le sixième de la longueur, étendue transversalement jusqu'au septième interne de la largeur, un peu courbée en devant: la postérieure, vers le milieu de la longueur, couvrant le tiers médiaire de la largeur: la bande blanche, formant une tache juxta-suturale en ovale transverse, limitée par la base, la bande noire, la première dent et la suture, prolongée ensuite en forme de bande longitudinale, au côté interne de la bande noire, sur une largeur égale environ au cinquième ou un peu moins de la largeur: bordure suturale noire bordée d'une raie d'un blanc flavescent à partir de la moitié de la longueur et plus largement sur le dernier sixième: *repli* d'un blanc flavescent, bordé de noir extérieurement. *Dessous du corps* noir: épimères des médi et postpectus blanches. *Cuisses* noires: les antérieures d'un blanc testacé à la base et à l'extrémité. *Jambes* et *tarses* d'un blanc testacé.

PATRIE: le Cap de Bonne-Espérance, (collect. Deyrolle).

Page 352. — Ajoutez à la synonymie de l'*Alesia hamata*, avant: ETAT NORMAL (ligne 3):

Coccinella gemina, KLUG. *in* ERMAN's Reise p. 50. 199. suivant M. le Dr Schaum. Bericht etc. BERLIN 1852. p. 213.

Page 366. — Après les observations relatives à la *Verania trivittata* ajoutez :

J'ai vu, dans la collection de M. de Motschoulsky, un exemplaire chez lequel la bande des élytres très-dilatée se lie sur une grande partie de la largeur à la bordure suturale également très-dilatée.

Page 367. — Ligne 33, complétez de la manière suivante la synonymie :

Coccinella striola, ILLIG. Mag. t. 2. p. 383. — SCHOENH. Syn. ins. t. 2. p. 156. 17.

Page 369. — Ligne 22, après *bordure marginale*, ajoutez : *noires : celle-ci*.

Page 371. — Ajoutez à la fin des observations sur les variations des élytres, ligne 22 :

Quelquefois les élytres sont longitudinalement rougeâtres ou d'un rouge testacé sur la majeure partie de leur disque, et d'un jaune testacé ou d'un flave pâle près des bordures.

Page 375. — Ligne dernière, ajoutez à la patrie de la *Synia melanaria :*

L'Australie, (Montrousier).

Page 378. — Après les variations du prothorax, ligne 16, ajoutez :

Parfois le prothorax, au lieu d'être complétement noir, moins la bordure latérale, montre sur sa ligne médiane une tache obtriangulaire flave, attenant au bord antérieur et prolongée jusqu'au milieu de la longueur.

Page 379.

1B. **Lemnia mystacea.** *Ovale. Prothorax noir, orné d'une bordure antérieure et d'une bordure latérale plus étroite vers les trois cinquièmes,* *flaves. Elytres d'un flave roux, parées d'une tache ovalaire d'un blanc sale, juxta-scutellaire, couvrant les deux cinquièmes de la base d'une élytre, d'une bordure suturale réduite au rebord après la tache précitée, d'une tache virguliforme joignant le côté externe de la tache blanche, et d'une sorte de point vers les deux tiers de la longueur, noirs.*

Long 0,0052 (2 1/2 l.). Larg. 0,0036 (1 1/2 l.).

Corps ovale ou brièvement ovale; pointillé; luisant, en dessus. *Tête, antennes* et *palpes* d'un roux testacé. *Prothorax* noir, avec le bord antérieur et les latéraux flaves : la partie noire, couvrant les trois quarts médiaires de la base, dilatée vers les trois cinquièmes de la longueur des bords latéraux comme si elle était unie à un point noir. *Écusson* noir. *Elytres* d'un flave roux ou d'un roux pâle, ornées d'une tache juxta-suturale d'un blanc sale, d'une bordure suturale et chacune de deux autres taches, noires: la tache blanche, ovalaire, liée à la base dont elle couvre les deux cinquièmes internes, joignant la bordure suturale et prolongée jusqu'au cinquième environ de la longueur: la bordure suturale noire, aussi large que l'écusson jusqu'à l'extrémité de la tache blanche, réduite ensuite au rebord : la première tache noire, en forme de virgule sur l'élytre droite, bordant le côté externe de la tache blanche, prolongée depuis le cinquième ou le quart jusqu'à l'extrémité du côté externe de cette tache, limitée par le calus : la deuxième tache, en forme de point allongé en pointe en devant, à peine plus large que le sixième de la largeur de l'élytre, située vers les deux tiers de la longueur et de la moitié ou un peu plus, presque aux trois quarts de la largeur. *Dessous du corps* et *pieds* d'un flave testacé : partie médiaire de la poitrine et du ventre largement brune ou noirâtre.

PATRIE: les contrées septentrionales des Indes, (collec. Deyrolle).

Page 384. — Ligne dernière, ajoutez : (Muséum de Copenhague).

Page 391. — Effacez la ligne 11 :

A. Elytres arrondies postérieurement.

Page 391. — Ligne 14, au lieu de: *en demi-cercle*, lisez : *semi-orbiculaire.*

Même observation, ligne 24.

Page 395.

5[B]. **Cœlophora pedicata.** *Subhémisphérique ; jaune ou d'un jaune pâle, en dessus. Prothorax orné d'une bordure basilaire noire, bidentée en devant, couvrant les deux cinquièmes postérieurs des côtés. Elytres parées d'une bordure suturale, d'un rebord externe et d'un réseau, noirs: celui-ci, formé d'une bande commune, linéaire, un peu arquée vers les trois cinquièmes, et, sur chaque élytre, d'une ligne longitudinale prolongée depuis la base jusqu'au milieu de la bande précitée et d'une ligne obliquement transversale, naissant vers le milieu de la ligne longitudinale et étendue jusqu'au bord externe: ce réseau divisant la surface de chaque étui en quatre aréoles.*

Long. 0,0051 (2 1/4 l.). Larg. 0,0045 (2 l.).

Corps subhémisphérique ou brièvement ovale ; superficiellement pointillé ; luisant ou brillant, en dessus. *Tête*, *antennes* et *palpes* d'un jaune pâle. *Prothorax* non sinué près des angles antérieurs ; d'un jaune pâle, orné d'une bordure basilaire noire couvrant latéralement les deux cinquièmes postérieurs de la longueur ; armé en devant de deux dents, avancée chacune presque jusqu'à la sinuosité postoculaire. *Ecusson* noir. *Elytres* à tranche inclinée, égale vers le tiers de la longueur au sixième au moins de la largeur, rétrécie à partir de la moitié et réduite postérieurement à une gouttière étroite ; jaunes ou d'un jaune pâle, ornées d'une bordure suturale et chacune d'un rebord externe et d'un réseau, noirs : la bordure suturale à peu près de la largeur de l'écusson : la bordure externe réduite au rebord : le réseau formé : 1° d'une ligne ou bande transversale étroite, faiblement arquée, croisant la suture un peu après les trois cinquièmes de la longueur : 2° d'une ligne naissant du milieu de la base, passant sur le calus et longitudinalement prolongée jusqu'au milieu de la bande transversale : 3° d'une ligne un peu obliquement transversale, naissant vers le milieu de la ligne longitudinale précitée, et prolongée vers le tiers ou un peu moins du bord externe : ce réseau divisant la surface de chaque élytre en quatre aréoles : une, juxta suturale, prolongée jusqu'aux trois cinquièmes : deux latérales : une apicale. *Repli* d'un jaune flave, étroitement bordé de noir, marqué d'une tache à l'extrémité de la bande oblique. *Dessous du corps* noir, avec les épimères des médi et postpectus et une tache de chaque côté du premier arceau ventral, jaunes : *quatre pieds* antérieurs d'un jaune flave ou d'un jaune testacé : *pieds postérieurs* noirs, avec les hanches, l'extrémité des jambes et les tarses d'un jaune testacé.

PATRIE : les Indes orientales, (collect. Deyrolle).

OBS. Je n'ai vu que l'un des sexes. Les fossettes du repli sont très-peu marquées.

Page 396.

6B. **Cœlophora sexareata.** *Subhémisphérique. Prothorax noir sur sa partie longitudinalement médiaire et à la base, d'un jaune d'ocre sur le reste des côtés. Elytres d'un jaune d'ocre, ornées chacune d'une bordure périphérique et d'un réseau, noirs : celui-ci, divisant la surface de chacune en trois aréoles : deux presque égales, prolongées au moins jusqu'à la moitié : la troisième, après celles-ci.*

ETAT NORMAL. *Prothorax* et *élytres* d'un jaune d'ocre ou d'un jaune testacé : le *prothorax*, noir sur la partie longitudinalement médiaire : celle-ci couvrant le bord antérieur, presque d'une sinuosité postoculaire à l'autre, et couvrant la base en formant à celle-ci une bordure graduellement rétrécie jusqu'aux angles postérieurs : cette partie noire laissant de chaque côté une tache suborbiculaire d'un jaune d'ocre plus large que la partie médiaire : les *élytres*, parées chacune d'une bordure périphérique et d'un réseau, noirs : la bordure périphérique formée : 1° d'une bordure externe naissant de la moitié de la base, couvrant la tranche : 2° d'une bordure suturale à peine plus large sur les deux étuis que celle de la tranche, presque sans bordure sur la moitié interne de la base : le réseau formé d'une bande longitudinale et d'une transversale, à peine plus larges que la bordure suturale commune : la bande longitudinale naissant du milieu de la base et prolongée jusqu'à la moitié de la longueur : la bande transversale en ligne transverse droite dans sa moitié interne, obliquement dirigée du milieu de chaque élytre, vers les quatre septièmes de la longueur du bord marginal.

Long. 0,0048 (2 1/8 l.). Larg. 0,0042 (1 7/8 l.).

Corps subhémisphérique ; pointillé ; luisant. *Tête*, *antennes*, et *palpes* d'un jaune testacé. *Prothorax* sans sinuosité et sans rebord sensible sur les côtés, peu ou point émoussé au devant de l'écusson. *Elytres* faiblement plus larges en devant que le prothorax ; convexes, offrant extérieurement une tranche moins subhorizontale égale environ au douzième de la longueur vers le milieu de la largeur. *Repli* d'un flave testacé bordé de noir extérieurement. *Dessous du corps* noir, avec les épimères du médipectus flaves. *Pieds* d'un jaune testacé : majeure partie des cuisses et des jambes postérieures, noires.

PATRIE : les parties boréales de l'Inde, (collect. Deyrolle).

Page 398.

8[B]. **Cœlophora placens**. *Subhémisphérique, d'un rouge testacé en dessus. Prothorax paré de deux taches noires subbasilaires et juxta-médiaires. Elytres ornées du septième aux deux septièmes d'une tache suturale postérieurement bilobée et chacune de quatre gros points disposés en croix, noirs : le premier de ceux-ci, sur le calus : les deuxième et troisième, formant avec leurs pareils une rangée un peu arquée en arrière, vers la moitié : la quatrième, subdiscale, aux quatre cinquièmes de la longueur.*

ÉTAT NORMAL. *Prothorax* d'un rouge testacé, un peu plus pâle que les élytres; orné de deux taches ponctiformes, liées ou presque liées à la base, de chaque côté de la ligne médiane, égale chacune au sixième environ du bord postérieur. *Élytres* d'un rouge testacé ou presque d'un rouge orangé, ornées d'une tache commune et chacune de quatre autres, noires: la tache commune, couvrant du septième aux deux septièmes de la longueur, postérieurement bilobée, ou formée de deux taches unies, postérieurement divergentes; la première des taches particulières à chaque élytre, en forme de gros point, sur le calus: les deuxième et troisième, formant avec leurs pareilles une rangée un peu arquée en arrière: la troisième ou externe, un peu plus grosse que celle du calus, liée à la gouttière, vers les trois septièmes: la deuxième ou interne, vers la moitié, une fois plus grosse, en ovale transversal, entre celle-ci et la suture, mais plus voisine de celle-ci: la quatrième, à peu près égale à celle du calus, vers les quatre cinquièmes de la longueur, plus rapprochée du bord externe que de la suture.

Long. 0,0084 (3 3/4 l.). Larg. 0,0078 (3 1/2 l.).

Corps subhémisphérique; pointillé; luisant et d'un rouge testacé ou presque d'un rouge orangé, en dessus. *Tête, antennes* et *palpes* d'une couleur semblable : ceux-ci, à extrémité obscure. *Prothorax* subsinueux et à peine rebordé sur les côtés; émoussé ou subéchancré au devant de l'écusson. *Élytres* relevées extérieurement en gouttière étroite. *Repli* creusé de faibles fossettes. *Dessous du corps* orangé. *Pieds* plus foncés.

PATRIE: Java, (collect. Chevrolat).

Page 399. — Ligne 4, modifiez de la manière suivante les variations du prothorax de la *Cœlophora 9-maculata.*

Quand au contraire la matière noire a surabondé, les taches perdent leur figure ponctiforme et se rapprochent de celles d'un triangle, en se prolongeant parfois jusqu'à la base. En général le développement de ces taches coïncide avec la couleur plus foncée des élytres et l'étendue plus grande de leurs taches.

Ajoutez après la ligne 16 :

Peut être faut-il rapporter à cette espèce la *Coccinella circularis*, Thunb. *in* Mém. de l'Aca. des sc. de St Pétersb. *t.* 7. (1820) p. 365.

Page 401. — Ligne 25, modifiez de la manière suivante les observations sur les variations des élytres de la *Cœlophora bissellata* :

Dans ce cas, la tranche et quelquefois aussi la suture sont également noires : celle-là est ordinairement alors liée à la deuxième tache; la teinte des élytres, dans ce cas, est plus rougeâtre ou passe au jaune rouge.

Quelquefois les taches des élytres sont peu marquées.

Page 409, après les observations qui terminent la description de la *Cœlophora octosignata*, ligne 7, ajoutez :

J'ai vu, dans la collection de M. Deyrolle, un individu qui semblerait, à première vue, une Cœlophore distincte (*C. montigena*), mais qui n'est vraisemblablement qu'une variété de l'*octosignata*. Chez cet exemplaire, le prothorax n'offre que des traces de la bordure basilaire noire, et chacune des taches externes est remplacée par une bande longitudinale noire, bifestonnée extérieurement, prolongée du sixième aux quatre cinquièmes de la longueur, graduellement rétrécie d'arrière en avant dans son tiers antérieur. Un peu d'attention permet de reconnaitre, dans cette bande, les deux petites taches externes décrites chez l'*octosignata*, dont cet exemplaire offre peut-être l'état normal.

Patrie : les parties boréales de l'Inde.

Page 412.

16B. **Cœlophora Mariae.** *Subhémisphérique. Prothorax noir, paré aux angles de devant d'une tache irrégulièrement quadrangulaire d'un jaune testacé, couvrant les deux tiers antérieurs du bord latéral. Elytres ornées chacune de cinq taches d'un jaune testacé : deux basilaires* *presque en carré long, prolongées jusqu'au quart: deux, du tiers presque aux trois cinquièmes (l'interne presque obtriangulaire: l'externe, arrondie): la cinquième orbiculaire près de la suture, prolongée jusqu'au bord externe: ces taches séparées par un réseau noir, n'arrivant pas au milieu de la base, interrompu entre le milieu de la première et de la troisième taches, nul extérieurement.*

Long. 0,0031 (2 1/4 l.). Larg. 0,0036 (2/3 l.).

Corps subhémisphérique; pointillé. luisant; *Tête, antennes* et *palpes* d'un jaune testacé: les derniers, obscurs ou noirâtres à l'extrémité. *Prothorax* noir, paré de chaque côté d'une tache d'un jaune testacé, irrégulièrement quadrangulaire, étendue en devant jusqu'à la sinuosité postoculaire, ouverte à angle droit à son angle postéro-interne, un peu sinuée à son bord postérieur, couvrant les deux tiers du bord latéral: la partie noire, entaillée en devant. *Ecusson* noir. *Elytres* ornées chacune de cinq taches jaunes, séparées par un réseau un peu incomplet, noir: les première et deuxième taches liées à la base: la première, joignant la bordure suturale, presque carrée ou en carré plus long que large, couvrant le quart de la longueur et presque les trois cinquièmes de la largeur: la deuxième, plus étroite, liée au rebord marginal qui reste noir: les troisième et quatrième couvrant du tiers ou un peu plus aux trois cinquièmes ou un peu moins de la largeur, formant avec leurs pareilles une rangée transversale: la troisième ou interne, irrégulièrement obtriangulaire, étendue jusque au delà de la moitié ou presque jusqu'aux trois cinquièmes de la largeur: la quatrième, suborbiculaire, liée au bord marginal: la cinquième, formant près de la suture une tache orbiculaire largement prolongée jusqu'au côté externe: ces taches séparées par un réseau noir, offrant: 1°, une bordure suturale à peu près égale à l'écusson ou à peine plus large, dilatée jusqu'aux deux septièmes internes, puis à son extrémité, au devant du bord apical (qui reste très-étroitement de couleur foncière) en forme de bande courte, limitant postérieurement la cinquième tache dans sa partie orbiculaire: 2°, une tache et une bande transversale: la tache, en espèce de losange irrégulière, naissant sur le calus, anguleusement dilatée aux trois cinquièmes de son côté interne, où elle est isolée de la dilatation suturale antérieure, plus étendue vers les trois cinquièmes de son côté externe, paraissant une bande transversale interrompue au tiers de la largeur et non étendue jusqu'au rebord marginal: la bande, liée à la bordure suturale vers les deux tiers de la longueur, transversalement étendue jusqu'au bord interne de la tranche (dont le rebord reste noir), anguleusement avancée vers le milieu de son bord antérieur, presque jusqu'au bord postérieur de la tache précitée. *Repli* d'un jaune testacé, à faibles fossettes. *Dessous du corps* noir: épimères des médi et postpectus, blanches: côtés du premier arceau ventral au moins, d'un jaune testacé. *Pieds* antérieurs et intermédiaires d'un jaune testacé, avec la tranche dorsale des cuisses et la tranche externe des jambes intermédiaires, noires: cuisses postérieures presque entièrement noires jambes d'un testacé nébuleux avec la tranche noire: tarses de la même paire, testacés.

PATRIE : les parties boréales de l'Inde, (collect. Deyrolle).

OBS. L'exemplaire que j'ai eu sous les yeux a beaucoup d'analogie avec l'*Œnopia luteo-pustulata*, décrite sur un exemplaire en mauvais état: cette dernière avait le corps ovalaire plutôt qu'orbiculaire; il serait possible cependant qu'elle se rattachât à cette Cœlophore. Dans ce cas, l'*Œnopia luteo-pustulata* serait à retrancher.

J'ai destiné cette espèce à rappeler la mémoire de madame Marie Wachanru, enlevée si malheureusement à la science qu'elle cultivait avec tant de zèle.

Page 413.

18[B]. **Cœlophora pentas**. *Subhémisphérique ; d'un jaune d'ocre ou d'un flave roussâtre, en dessus. Prothorax marqué de cinq points noirs, liés ou presque liés à sa base. Ecusson également noir.*

Long. 0,0045 (2 1/2 l). Larg. 0,0036 (1 2/3 l.).

Corps subhémisphérique; finement pointillé; d'un jaune d'ocre ou d'un flave roussâtre, luisant ou brillant en dessus. *Tête, antennes* et *palpes* de même couleur. *Prothorax* subsinueux et à peine rebordé sur les côtés ; peu ou point émoussé au devant de l'écusson ; paré de cinq points noirs : le médiaire lié à la base au devant de l'écusson qui est noir, et avec lequel il semble constituer un point, dont la seconde moitié est anguleuse : chaque juxta-médiaire lié à la base, à peu près entre le milieu et l'angle postérieur : chaque point externe, isolé de la base, situé entre le juxta-médiaire et le bord latéral. *Elytres* sans taches ; à tranche assez étroite, un peu déclive, à rebord noirâtre ou obscur. *Dessous du corps* d'une teinte moins claire ou plus rougeâtre.

PATRIE : l'Amérique méridionale ? (collect. Chevrolat)

Page 415 : effacez la ligne 11 :

AA. Elytres en ogive postérieurement.

OBS. Ce caractère que j'avais indiqué d'après l'exemplaire de la collection Déjean était exceptionnel et particulier à cet individu. Cette Cœlophore, comme toutes les autres, a le corps presque hémisphérique, arrondi postérieurement. Elle paraît varier beaucoup par le dessin de la robe ; j'en ai vu un exemplaire chez lequel la partie noire du prothorax ne dépassait pas les deux cinquièmes de la longueur, au lieu de ne laisser en devant qu'une bordure très-étroite de couleur foncière. La bande des élytres couvrait au contraire depuis l'écusson jusqu'à l'angle sutural et à peu près la moitié médiaire de la longueur vers le bord externe : l'angle peu avancé du milieu de son bord antérieur, ne dépassait pas le quart de la longueur, au lieu de s'avancer jusqu'au calus, (collect. Montrousier).

20[B]. **Cœlophora gratiosa**. *Subhémisphérique. Prothorax noir, orné de chaque côté d'une tache d'un beau jaune, ovale, étendue jusqu'à la sinuosité postoculaire, non prolongée jusqu'au bord postérieur. Elytres ornées d'une bordure suturale, d'une bordure externe couvrant la tranche, et d'une bande transversale couvrant à peu près les trois septièmes médiaires de la longueur, noires, d'un beau jaune sur le reste : la bordure* *suturale élargie triangulairement, depuis l'écusson jusqu'à la bande transversale.*

Corps subhémisphérique; finement pointillé; luisant, en dessus. *Tête* jaune ou d'un jaune rougeâtre, parée d'une bordure noire, au côté interne des yeux et au devant du front. *Antennes* et *palpes* d'un jaune rouge ou testacé. *Prothorax* subsinueux et étroitement rebordé sur les côtés; tronqué au devant de l'écusson; d'un noir luisant, orné de chaque côté d'une tache d'un beau jaune de gomme-gutte, ovale, étendue en devant jusqu'à la sinuosité postoculaire, couvrant au moins le quart externe vers la moitié de la longueur, arrondie postérieurement, prolongée jusqu'aux cinq sixièmes, en laissant le bord externe paré, depuis la moitié au moins de sa longueur, d'une bordure noire qui se lie à la base avec le reste de la partie noire. *Ecusson* noir. *Elytres* à tranche assez étroite, nettement limitée; ornées d'une bande transversale noire, couvrant près des trois septièmes médiaires de la longueur, un peu anguleusement avancée dans le milieu de son bord antérieur, entaillée vers les trois cinquièmes de son bord postérieur; parées d'une bordure couvrant la tranche et d'une bordure suturale, également noires: la bordure suturale naissant après l'écusson, de moitié à peine plus large que lui dans ce point, élargie d'avant en arrière jusqu'à la bande transversale, où elle égale environ le quart de la largeur, uniformément une fois plus large que la bordure marginale, après la bande transversale; d'un beau jaune de gomme-gutte, avant et après la bande transversale. *Repli* noir, avec la moitié antérieure d'un jaune testacé à sa partie interne. *Dessous du corps* noir sur les médi et postpectus et sur la partie médiaire du ventre, d'un jaune testacé sur le reste de celui-ci. *Pieds* noirs; extrémité des jambes et tarses, d'un jaune testacé.

PATRIE: la Nouvelle-Hollande? (collect. Deyrolle).

Page 142. — Ligne 13 au lieu de: (muséum de Stockholm), lisez: (Muséum de Copenhague).

Page 459.

7 B **Chilocorus bijugus**. *Dessus du corps très-convexe, subcomprimé; d'un noir brillant. Elytres parées chacune de deux taches ponctiformes, d'un rouge testacé, formant avec leurs pareilles une rangée transversale vers les deux cinquièmes de la longueur. Poitrine noire. Ventre d'un jaune rouge.*

Long 0,0056 (2 1/2 l.). Larg 0,0050 (2 1/4 l.).

Corps subhémisphérique; très-convexe; subcomprimé; superficiellement pointillé sur le prothorax, un peu moins finement sur les élytres, assez grossièrement sur la tranche de celles ci; d'un noir brillant. *Tête* et *labre* noirs: ce dernier, rougeâtre à son bord antérieur: la première, garnie de points peu distincts et clairsemés. *Prothorax* faiblement relevé en rebord et assez sensiblement ponctué sur les côtés; moins long à ceux-ci que le tiers de la ligne médiane; en ogive bissinuée à la base. *Ecusson* assez petit, en triangle d'un tiers plus long que large. *Elytres* presque cordiformes, offrant vers le tiers leur plus grande largeur, subcomprimées; très-convexes, mais dilatées extérieurement en une tranche médiocrement inclinée, presque égale au quart de la largeur vers le tiers de la longueur, rétrécie ensuite et réduite à peu près à la moitié vers l'angle sutural; d'un noir brillant; ornées chacune de deux taches ponctiformes d'un rouge testacé ou d'un rouge jaunâtre, formant avec leurs pareilles une rangée transversale vers les deux cinquièmes de la longueur: l'interne, un peu moins petite, couvrant du sixième au tiers environ de la largeur, la deuxième, ou externe, étendue presque du troisième au quatrième sixième de la largeur: *repli* noir. *Dessous du corps* noir sur les parties pectorales, d'un roux jaune ou d'un jaune rouge sur le ventre. *Pieds* noirs: sole des tarses rougeâtre.

Patrie: les Indes orientales, (collect. Deyrolle).

Page 461.

11 B **Chilocorus infernalis**. *Dessus du corps très-convexe; sub-*

comprimé; d'un noir bronzé ou verdâtre. Elytres ornées chacune de deux points d'un roux testacé, disposés sur la même ligne transversale aux deux cinquièmes de la longueur: l'interne, près de la suture; l'autre, plus petit, aussi voisin du bord interne de la tranche. Poitrine et pieds, noirs. Ventre d'un jaune testacé roussâtre.

Long 0,0059 (2 2/3 l.). Larg 0,0056 (2 1/2 l.)

Corps subhémisphérique; très-convexe; subcomprimé; superficiellement pointillé; d'un noir bronzé ou obscurément verdâtre, en dessus. *Prothorax* obstusément arrondi, et légèrement relevé en rebord étroit, sur les côtés; plus court latéralement que les deux cinquièmes de sa ligne médiane; peu distinctement rougeâtre aux angles de devant; garni latéralement de poils fins, couchés, blanchâtres, peu apparents. *Elytres* très-convexes, latéralement moins déclives, offrant une tranche d'une largeur à peu près égale au repli; ornées chacune de deux taches ponctiformes d'un roux testacé, disposées sur la même ligne transversale au deux cinquièmes de la longueur: l'interne, moins petite, du sixième presque au tiers: l'autre, aux trois cinquièmes de la largeur: celle-ci, séparée du bord interne de la tranche, par un espace égal à son diamètre. *Repli, parties pectorales* et *pieds* noirs: ventre d'un jaune testacé roussâtre: sole des tarses d'une teinte rapprochée.

Patrie: les parties boréales de l'Inde, (collect. Deyrolle).

Page 466, avant l'*Orcus janthinus*.

1. **Orcus Lafertei.** *Dessus du corps très-convexe; métallique, brillant; tête et prothorax verts: celui-ci paré de six taches violettes, subponctiformes disposées en demi cercle. Elytres violettes: à repli d'un vert foncé, en partie mi-doré. Dessous du corps d'un vert foncé sur la poitrine, d'un jaune rouge sur le ventre. Pieds d'un vert obscur.*

Long. 0,0056 (2 1/2 l.). Larg. 0,0045 (2 l.).

Corps subhémisphérique; pointillé ou finement ponctué; brillant et métallique, en dessus. *Tête* d'un vert métallique : labre, menton, *palpes* et *antennes*, d'un fauve testacé. *Prothorax* obtusément arrondi sur les côtés ; à peine aussi long à ceux-ci que la moitié de sa ligne médiane ; bissinueusement en ogive dirigée en arrière et peu émoussée au devant de l'écusson, à la base ; à rebord latéral très-étroit et à peine relevé ; rayé d'une ligne au devant du bord postérieur ; convexe ; d'un vert métallique, avec le bord antérieur jusque vers la moitié des bords latéraux, étroitement et parfois peu distinctement testacé ; orné, de chaque côté de la ligne médiane, de trois taches violettes, subponctiformes, symétriquement disposées, constituant avec leurs pareilles une sorte de demi-cercle, naissant vers chaque quart externe de la base, avancé jusqu'au tiers antérieur ; paraissant parfois irisé de taches violettes moins distinctes. *Elytres* très-convexes, mais extérieurement pourvues d'une tranche médiocrement inclinée, égale, vers le milieu de la longueur, au huitième ou au neuvième de la largeur de chaque étui ; moins finement ponctuées que le prothorax ; d'un violet métallique, parfois irisé de verdâtre, à certain jour. *Repli* d'un vert métallique foncé, semi-doré surtout près des côtés de la poitrine. *Dessous du corps* d'un vert métallique foncé ou obscur sur les parties pectorales, d'un jaune rouge sur le ventre ; repli prothoracique creusé d'une fossette subarrondie, mi-dorée. *Plaques abdominales* arquées à leur côté interne, prolongées ou à peu près jusqu'au bord postérieur de l'arceau, dont elles paraissent s'écarter ensuite en se rapprochant du bord latéral. *Pieds* d'un vert métallique obscur : sole des tarses carnée.

PATRIE : Moreton-Bay, côte orientale de la Nouvelle-Hollande, (collect. Deyrolle).

J'ai dédié cette belle espèce à M. de la Ferté-Sénetère, possesseur de la majeure partie de la collection de feu le comte Dejean, auteur d'une excellente monographie des Anthicites et de divers autres beaux travaux.

Page 473.

7[B]. **Orcus (Harpasus) peleus.** *Hémisphérique. Bleu, d'un bleu* *violacé ou verdâtre et foncé, en dessus. Elytres ornées chacune d'une tache orbiculaire jaune.*

Long. 0,0031 (1 2/5 l) Larg. 0,0031 (1 2/5 l)

Corps subhémisphérique; à peine pointillé, lisse, luisant et d'un bleu foncé passant d'une manière variable au bleu violet ou verdâtre, en dessus. *Tête* de même couleur. *Antennes* et *palpes* noirs ou obscurs. *Prothorax* à peine émoussé aux angles de devant; obtusément arrondi et à peine rebordé sur les côtés; arrondi aux angles postérieurs; peu ou point sinueux de chaque côté de sa partie médiaire, à la base; sans taches. *Elytres* subarrondies postérieurement, étroitement rebordées; ornées chacune d'une tache orbiculaire jaune, étendue du septième ou presque du sixième jusqu'à un peu plus de la moitié de la longueur, et du tiers interne aux sept huitièmes de la largeur. *Dessous du corps* et *pieds* noirs. Plaques abdominales en arc, prolongées jusqu'aux trois quarts de l'arceau.

PATRIE : ? (collect. Chevrolat).

Page 478. — Ligne 7, au lieu de: PATRIE: la mer des Indes, lisez :

PATRIE : les îles de la mer des Indes.

Page 481. — Ligne 14, la division AA doit être modifiée de la manière suivante :

AA. Bord postérieur du prothorax en arc ou presque en demi-cercle dirigé en arrière et sans sinuosités.

γ Repli des élytres très-incliné.

δ Repli prothoracique non creusé de fossettes, etc., etc..

Page 484.

7[B]. **Exochomus pubescens**; **Küster**. *Subhémisphérique; garni d'un duvet court, fin et clairsemé, en dessus. Prothorax noir, avec* *les côtés jaunes : cette partie couvrant au moins le quart de la base. Elytres noires.*

Exochomus pubescens, Kuster, Kaef. Europ. XIII. 94.

♀ Tête noire : labre orangé.

Long. 0,0031 (1 2/5 l.). Larg. 0,0023 (1 l.).

Corps subhémisphérique ; marqué en dessus de points, de chacun desquels sort un poil fin, court, cendré, formant un duvet fin, clair-semé et médiocrement apparent. *Palpes* et *antennes* d'un jaune orangé : les premiers, obscurs à l'extrémité. *Prothorax* noir sur sa partie médiaire, d'un jaune orangé sur les côtés : la partie jaune couvrant en devant jusqu'à la sinuosité postoculaire et le quart au moins de la base de chaque côté. *Ecusson* et *élytres* noirs : celles-ci, moins finement pointillées que le prothorax ; à calus huméral peu saillant. Repli noir. *Dessous du corps* noir, avec les parties inférieures de la bouche, l'antépectus et les deux derniers arceaux du ventre, d'un jaune orangé. *Pieds* de cette dernière couleur.

Patrie : Carthagène (Espagne).

Cette espèce m'a été communiquée par M. le docteur Rosenhauer, d'Erlangen.

Obs. Elle a beaucoup d'analogie avec l'*Ex. auritus* dont elle se distingue par une taille un peu plus petite, par une plus grande extension de la partie jaune des côtés du prothorax, et par un duvet fin et léger qui fait exception dans cette famille, mais qui est beaucoup moins apparent que chez les Trichosomides.

Page 187.

10B **Exochomus cinctivestis.** *Brièvement ovale ; convexe. Prothorax noir avec les côtés d'un jaune rouge. Elytres noires, parées chacune d'une bordure externe et d'une tache d'un rouge jaune : la bordure, renflée à sa partie postérieure : la tache ovale, subdiscale.*

ETAT NORMAL. *Elytres* noires, parées chacune d'une bordure externe et d'une tache d'un rouge jaune : la bordure, naissant à l'angle huméral, à peine égale au huitième de la largeur, dilatée presque en demi-cercle à sa partie postérieure, où elle couvre dans sa plus grande longueur le cinquième postérieur : la tache, ovale, couvrant du sixième environ aux trois cinquièmes de la longueur, et la moitié environ de la largeur, une fois plus voisine de la suture que de la bordure externe.

Long. 0,0022 (1 l.). Larg. 0,0016 (2/3 l).

Corps brièvement ovale ; convexe ; superficiellement pointillé sur la tête et sur le prothorax, ponctué sur les élytres. *Tête* d'un rouge jaune. *Prothorax* noir sur son milieu, avec les côtés parés d'une bordure rouge jaune, étendue au moins jusqu'à la sinuosité postoculaire ou plus avant.

PATRIE : le Brésil, (collect. Deyrolle).

Page 488.

11[B]. **Exochomus lugubrivestis.** *Brièvement ovale. Tête et prothorax, pieds et trois derniers arceaux du ventre d'un roux jaune : reste du dessous du corps et élytres, noirs : celles-ci ornées d'une bordure externe d'un roux testacé couvrant le tiers externe de la base, bientôt après étroite ou réduite à la tranche dont le rebord reste noir, élargie à partir des deux tiers jusqu'à la suture, dont elle couvre le septième postérieur. Repli d'un roux testacé.*

Long 0,0025 (1 1/8 l.). Larg. 0 0018 (7/8 l.)

Corps brièvement ovale ; convexe. *Tête*, *prothorax*, *antennes*, et *palpes* d'un roux jaune. *Ecusson* noir. *Dessous du corps* noir sur les médi et postpectus, brun sur le premier arceau ventral et sur les deux tiers médiaires du second, d'un roux testacé sur les côtés de celui-ci et sur les suivants. *Pieds* d'un jaune roux.

PATRIE : l'Egypte, (collect. Motschoulsky).

OBS. Cette espèce a beaucoup d'analogie avec l'*E. Foudrasii* ; elle paraît cependant s'en distinguer spécifiquement par la forme de la bordure des élytres et surtout par la couleur de l'écusson et du dessous du corps.

11c **Exochomus Jordani**. *Subhémisphérique ; d'un jaune pâle ou d'un jaune d'ocre, en dessus. Prothorax noir à la base et sur le disque. Elytres ornées chacune de trois taches ou d'une tache commune et chacune de deux taches, noires.*

Long. 0,0033 (1 1/2 l.). Larg. 0,0028 (1 1/4 l.).

Corps subhémisphérique ; pointillé; d'un jaune d'ocre ou d'un jaune testacé, peu luisant, en dessus. *Tête*, *antennes* et *palpes* de même couleur. *Prothorax* arqué et à peine rebordé latéralement ; en arc faible et sans sinuosités à la base; convexe, mais légèrement moins déclive sur les côtés; en majeure partie noir, avec les bords antérieur et latéraux d'un jaune d'ocre : la partie noire couvrant presque toute la base, semi-circulaire et trifestonnée en devant, avancée jusqu'au quart antérieur. *Elytres* d'un jaune d'ocre, ornées chacune de trois taches noires : les première et deuxième en rangée transversale : la première, en parallélogramme, une fois plus longue que large, couvrant du sixième à la moitié de la longueur, liée à la suture et constituant avec sa pareille une tache commune, presque carrée : la deuxième, plus rapprochée de la première que du bord externe, presque en parallélipipède plus long que large ; égale au tiers de la largeur d'une élytre : la troisième, subarrondie ou presque en ovale transversal, couvrant des trois cinquièmes presque aux cinq sixièmes de la longueur et la moitié presque médiaire de la largeur. *Dessous du corps* d'un jaune d'ocre ou d'un jaune testacé sur les anté et médipectus et sur les côtés du ventre, noir sur le reste de la surface de celui-ci et sur le médipectus. *Pieds* d'un jaune d'ocre.

PATRIE : Saint-Paul (Brésil), (collect. Chevrolat.)

J'ai dédié cette belle espèce à mon ami M. Alexis Jordan, qui s'était d'abord occupé avec succès de l'étude des insectes, étude qu'il a abandonnée pour celle des végétaux, dans laquelle il a su, par ses travaux, s'élever aux premiers rangs, parmi les botanistes vivants.

Page 490. — Ligne 11, ajoutez au commencement de la ligne : 13.

Page 492.

16 [B] **Exochomus decoloratus**. *Subhémisphérique. D'un roux testacé ou d'un roux testacé livide, en dessus. Tête nébuleuse. Dessous du corps obscur sur la poitrine et la base du ventre. Pieds d'un roux testacé.*

Long. 0,0033 (1 1/2 l.). Larg. 0,0026 (1 1/5 l.).

Corps subhémisphérique; superficiellement pointillé; d'un roux testacé ou d'un roux testacé livide, en dessus. *Tête* nébuleuse, obscure ou brunâtre. *Prothorax* peu arqué et à peine rebordé sur les côtés. *Elytres* étroitement relevées en faible gouttière sur les côtés. *Dessous du corps* nébuleux, obscur ou brunâtre sur les médi et postpectus, et sur les deux premiers arceaux au moins du ventre, d'un testacé roussâtre postérieurement. Repli prothoracique creusé d'une faible fossette. *Pieds* d'un roux testacé.

PATRIE Saint-Paul (Brésil), (collect. Chevrolat, Deyrolle).

OBS. Parfois les pieds sont nébuleux ou obscurs. Quelquefois le bord antérieur du prothorax semble l'être également, mais cette sorte de bordure n'est due qu'à la transparence du segment prothoracique qui laisse transpercer la teinte nébuleuse ou obscure de la tête.

17. **Exochomus uropygialis**. — *Ovale ; noir ; pubescent. Elytres d'un jaune roux, ornées à l'extrémité d'une tache suborbiculaire noirâtre, couvrant à peine le huitième de la suture.*

Long. 0,0045 (2 l.). Larg. 0, 0033 (1 1/2 l.).

Corps ovale; médiocrement convexe; garni d'un duvet court et peu épais. *Tête* et *palpes* noirs. *Antennes* brunes. *Prothorax* noir; obtusément et faiblement arqué et relevé en rebord sur les côtés; peu fortement arqué en arrière à la base, une fois et tiers plus large à celle-ci que long dans son milieu. *Ecusson* petit; noir. *Elytres* en ogive postérieurement; médiocrement convexes; d'un jaune roux, ornées chacune à l'extrémité d'une tache semi-orbiculaire, constituant avec sa pareille une tache orbiculaire noirâtre ou d'un brun noir, couvrant à peine le huitième postérieur de la suture. *Dessous du corps* et *pieds* noirs. *Plaques abdominales* en arc régulier prolongé jusqu'aux deux tiers de l'arceau.

Patrie : les régions boréales de l'Inde, (collect. Deyrolle).

Page 496. — Ligne 3, au lieu de chapeau, lisez : chaperon.

Page 497. — Ligne 9, au lieu de : du prothorax, lisez : de l'épistome.

Page 502. — Ligne 29, au lieu de 0,0020 (8/9 l.), lisez : 0,0030 (1 1/3 l.).

Page 507. — Ajoutez à la suite des observations qui terminent la description du *Corystes hypocrita*.

Un exemplaire de la collection de M. Chevrolat m'a offert les taches prothoraciques plus distinctes, figurant une sorte d'M, ou plutôt montrant le prothorax marqué d'une tache obscure ou noirâtre, couvrant presque les trois cinquièmes médiaires de la base, avancée presque jusqu'au bord antérieur, en se rétrécissant en arc rentrant : cette tache, enclosant de couleur flave deux aréoles en espaces un peu obliquement ovalaires, situés, de chaque côté de la ligne médiane, près du bord postérieur,

Page 529. — Ajoutez à la synonymie :

Suivant M. le docteur Schaum et d'après l'exemplaire typique de la collection de Kiel, il faut rapporter à la *Brachyacantha bis-tripustulata* de Fabricius, la *Cocc. erythrocephala* du même auteur (Syst. El. t. 1. p. 383. 141), et non à l'espèce ayant servi de type à mon *Hyperaspis Fabricii.*

Page 544.

Après la ligne 8, ajoutez :

γα. Elytres parées d'une tache suturale seulement.

1[B] **Cleothera operaria**. *Ovale, arrondie postérieurement ; convexe ; d'un blanc flavescent, en dessus. Prothorax orné sur la moitié médiaire au moins de sa base d'une tache noire, presque semi orbiculaire, avancée jusqu'au quart antérieur. Elytres d'un blanc flavescent, parées d'une bande suturale noire, égale en devant à la tache thoracique, prolongée jusqu'à la moitié de leur longueur, arrondie à son extrémité, graduellement rétrécie vers son tiers antérieur.*

Long. 0,0033 (1 1/2 l.). Larg. 0,0022 (1 l.).

Corps ovale ; convexe ; pointillé ; luisant. *Tête* , *antennes* et *palpes*, d'un blanc flavescent. *Prothorax* en arc dirigé en arrière à la base et tronqué au devant de l'écusson ; rayé d'une ligne fine au devant de la moitié médiaire de la base ; d'un blanc flavescent, orné d'une tache noire, presque semi-orbiculaire, faiblement anguleuse en devant, sur la ligne médiane, et entre ce point et la partie postérieure de ses côtés, couvrant au moins la moitié médiaire de la base, dont elle semble légèrement détachée, au moins sur les côtés, avancée à peu près jusqu'au quart antérieur. *Ecusson* noir ; un peu plus long que large ; à côtés curvilignes. *Elytres* faiblement plus larges en devant que le prothorax ; arrondies postérieurement ; convexes ; d'un blanc flavescent ; ornées d'une bande noire formant la continuation de la tache prothoracique, aussi large en devant et vers ses quatre cinquièmes que celle-ci, prolongée jusqu'à la moitié de leur longueur, arrondie à son extrémité, sinueusement rétrécie vers le tiers de sa longueur ; marquées, lorsqu'on les examine avec attention, de très-petits points noirs : ceux-ci constituant : 1° une rangée transversale rapprochée de la base, étendue jusqu'aux cinq sixièmes de la largeur : 2° une rangée longitudinale naissant de ce point et prolongée jusqu'à l'angle sutural, en formant postérieurement plusieurs rangées confuses : 3° une rangée longitudinale, au côté interne de la précédente, naissant vers les deux cinquièmes de la longueur : 4° une rangée juxta-suturale naissant après la bande noire. *Dessous du corps* noir, avec les derniers arceaux du ventre d'un blanc flavescent. *Pieds* de cette dernière couleur:

PATRIE : le Brésil, (collect. Deyrolle).

Page 545.

2[B] **Cleothera matronata**. *Brièvement et obtusément ovale. Prothorax noir, paré de chaque côté d'une bordure flave, étendue jusqu'à la sinuosité postoculaire, rétrécie jusqu'au tiers, parallèle ensuite et couvrant de chaque côté le dixième de la base. Elytres flaves, ornées d'une bordure suturale naissant après l'écusson, étendue en devant jusqu'aux trois septièmes de la largeur, rétrécie jusqu'aux trois cinquièmes, parallèle ensuite jusqu'aux neuf dixièmes où elle se termine, et chacune de deux grosses taches, noires: l'antérieure obtriangulaire, s'appuyant sur le calus : la postérieure, orbiculaire, échancrée en devant.*

♂ Inconnu.

♀ Tête d'un rouge testacé, parée sur le front d'une tache noire, en carré un peu plus large que long. Palpes d'un jaune rouge. Prothorax sans bordure jaune en devant. Ventre de six arceaux. Pieds d'un rouge jaune ou d'un jaune rouge.

État normal. *Prothorax* noir, paré sur les côtés d'une bordure flave, étendue en devant jusqu'à la sinuosité postoculaire, rétrécie graduellement jusqu'au tiers ou un peu plus de la largeur, presque parallèle ensuite jusqu'à la base où elle se dilate à peine, couvrant environ le cinquième de la moitié du bord postérieur. *Elytres* d'un jaune pâle, ornées d'une bordure suturale très-dilatée, d'une bordure externe et chacune de deux taches, noires : la bordure suturale, naissant à l'extrémité de l'écusson, presque en forme de cœur allongé, c'est-à-dire, étendue en devant jusqu'aux trois septièmes de la largeur de chaque élytre, légèrement arquée à son bord antérieur, rétrécie graduellement en ligne peu courbe depuis son angle antéro-externe jusqu'aux trois cinquièmes ou un peu moins de la largeur de chaque étui, réduite, dans ce point, au septième environ de la largeur, puis parallèlement prolongée jusqu'aux neuf dixièmes où elle se termine : la bordure externe, réduite au rebord sur les côtés, moins étroite à l'extrémité des élytres : la première tache, obtriangulaire, couvrant le calus de sa partie antérieure, prolongée jusqu'à la moitié de la longueur, élargie d'avant en arrière : la deuxième, située après la première, un peu plus large, orbiculaire, échancrée en devant : ces deux taches séparées entre elles, du bord externe et de la tache suturale, et, la première, du bord antérieur, la deuxième, du bord postérieur, par un réseau flave d'une étroitesse à peu près égale.

Long. 0,0042 (1 7/8 l.). Larg. 0,0033 (1 1/2 l.).

Corps brièvement et obtusément ovale; convexe; brillant en dessus; au moins aussi finement ponctué sur les élytres que sur le prothorax. *Antennes* d'un rouge jaune. *Prothorax* tronqué au devant de l'écusson et sinué de chaque côté de cette troncature, à la base. *Ecusson* triangulaire; noir. *Dessous du corps* noir sur les médi et postpectus et sur les deux tiers médiaires au moins des premier et deuxième arceaux du ventre, d'un rouge brunâtre ou d'un rouge testacé brunâtre, sur les arceaux suivants.

Patrie : le Brésil, (collect. Deyrolle).

Page 546 :

3[B]. **Cleothera Galliardi.** *Brièvement et obtusément ovale ; d'un jaune pâle en dessus. Prothorax paré de deux taches brunes et en partie noires, couvrant la moitié médiaire de la base, avancées jusqu'au sixième antérieur, séparées presque jusqu'à la base sur la ligne médiane. Elytres ornées d'une bordure suturale, d'une bordure apicale, d'un rebord marginal, et chacune de trois taches, noires : l'une de celles-ci liée à la suture, couvrant du douzième aux deux cinquièmes de la longueur et les deux cinquièmes internes de la largeur, constituant avec sa pareille une tache commune : la seconde, passant sur le calus, prolongée depuis la base jusqu'au tiers : la troisième, grosse, irrégulière, couvrant de la moitié aux neuf dixièmes et les quatre cinquièmes médiaires de la largeur.*

♂ Ventre de sept arceaux : les sixième et septième échancrés.

♀ Inconnue.

Long. 0,0036 (1 2/3 l.). Larg. 0,0028 (1 1/4 l.).

Corps brièvement et obtusément ovale ; pointillé ; luisant. *Tête* d'un jaune pâle. *Antennes* et *palpes* testacés ou d'un roux flave. *Prothorax* d'un jaune pâle, orné d'une bordure basilaire noire et de deux taches : la bordure, couvrant la moitié médiaire environ de la largeur et le sixième de la longueur, sur la ligne médiane : les taches liées chacune à la bordure basilaire, avancées jusqu'au sixième antérieur, arrondies en devant, séparées par la ligne médiane qui reste de couleur foncière et un peu moins étroite à son extrémité postérieure qui est arrondie : ces taches, en majeure partie brunes, offrant chacune un signe en arc longitudinal courbé en dedans ou une sorte d'accent noir, presque adossé avec son semblable sur la ligne médiane. *Elytres* d'un jaune pâle, ornées d'une bordure et d'une tache suturales, et chacune d'une bordure apicale, d'une bordure externe ne couvrant que le rebord et de deux grosses taches, noires : la bordure suturale, à peine plus large sur chaque élytre que l'écusson, graduellement rétrécie jusqu'à l'angle sutural : la bordure apicale un peu moins développée que la suturale vers le milieu de sa longueur : la tache commune, formant sur chaque élytre une tache presque en parallélogramme allongé, lié à la suture ou à la bordure suturale, prolongé du douzième aux deux cinquièmes de la longueur et couvrant les deux cinquièmes internes de la largeur : la première des taches particulières à chaque étui, allongée, prolongée depuis la base presque jusqu'au tiers de la longueur, en passant sur le calus, couvrant depuis les deux tiers jusqu'aux neuf dixièmes de la largeur : la deuxième, grosse, irrégulière, couvrant depuis la moitié ou un peu moins jusqu'aux neuf dixièmes de la longueur, et les trois quarts ou quatre cinquièmes médiaires de la largeur, presque en parallélogramme oblique, anguleuse au milieu de son bord antérieur. *Dessous du corps* noir ou noir brun, avec le troisième arceau et les suivants d'un roux testacé ou d'un rouge jaune : épimères des médi et postpectus, blanches. *Pieds* d'un rouge jaune.

Patrie : l'Amérique méridionale, (collect. Motschoulsky).

J'ai dédié cette jolie espèce à M. Léon Galliard, ornithologiste zélé, connu déjà par des observations pleines d'intérêt, et à qui j'ai dû, à diverses reprises, de nombreux Coléoptères.

Page 556. — 10. **Cleothera hexastigma.**

Obs. Les taches noires du dessus du corps varient un peu de forme. J'ai vu celles du prothorax en ovale droit ou oblique. La première des élytres, ou celle du calus, allongée, un peu obliquement elliptique, s'éloignant de la figure d'un carré : la troisième ovale, suivie à son côté externe d'une tache moins grosse, nébuleuse ou presque arrondie, qui, chez d'autres individus, donne à cette troisième tache une forme rapprochée de l'ovale transverse.

Page 559.

11[B] **Cleothera spinalis.** *Brièvement et obtusément ovale. Prothorax et élytres d'un flave testacé ou d'un flave roussâtre : le premier, ordinairement noir sur sa partie médiaire : les secondes ornées d'une* *bordure suturale ovalairement et plus ou moins dilatée de la base à la moitié et postérieurement réduite à peu près au rebord, et souvent d'un point sur le calus, noirs.*

Etat normal. *Prothorax* d'un flave roussâtre ou testacé, avec la partie longitudinalement médiaire, noire : cette dernière, couvrant ordinairement la moitié médiaire de la base, faiblement rétrécie en s'avançant jusqu'au bord antérieur. *Elytres* d'un flave roussâtre ou testacé, ornées d'une bordure suturale noire, ovalairement renflée depuis la base jusqu'à la moitié de la longueur, couvrant souvent, dans son diamètre transversal le plus grand, le quart de la largeur de chaque élytre, postérieurement réduite au rebord ou à peu près; à rebord marginal obscur ou noirâtre; ordinairement marquées sur le calus d'un point noir ou obscur.

Variations du Prothorax et des Elytres.

Obs. Quelquefois la partie médiaire noire du prothorax couvre moins de la moitié médiaire de la base et ne s'avance pas jusqu'au bord antérieur; plus rarement elle disparaît entièrement. La bordure suturale des élytres, également variable dans sa moitié antérieure, égale souvent le quart ou un peu moins de la largeur de chaque élytre, quelquefois à peine le dixième. Le point du calus est parfois peu apparent. Quelquefois les élytres présentent les traces d'une ligne longitudinale obscure postérieurement au calus, et dans la direction de celui-ci.

Long. 0,0045 (2 l.). Larg. 0,0033 (1 1/2 l.).

Corps obtusément et brièvement ovale; pointillé; luisant en dessus. *Têtes, antennes et palpes* d'un flave roussâtre. *Prothorax* tronqué au devant de l'écusson et sinué de chaque côté de cette troncature à la base. *Ecusson* noir. *Dessous du corps* noir, avec le ventre paré d'une bordure assez large d'un flave testacé, à partir du premier arceau; ordinairement marqué sur celui-ci d'une petite tache de même couleur. *Pieds* d'un flave testacé.

Patrie : la Bolivie, le Brésil, (collect. Deyrolle).

Page 563.

15^{B} **Cleothera suturella.** *Obtusément ovale. Prothorax noir, brun ou brunâtre sur sa moitié médiaire, d'un jaune ou roux testacé, sur les côtés. Elytres d'un jaune ou roux testacé, ornées d'une bordure suturale étroite, noire, brune ou brunâtre.*

Long. 0,0030 (1 2/5 l.) Larg. 0,0018 (3/4 l.).

Corps obtusément ovale; convexe; pointillé; luisant. *Tête* d'un roux testacé. *Palpes* et *antennes* de teinte rapprochée. *Prothorax* paré de chaque côté d'une bordure peu nettement limitée, de largeur presque uniforme, couvrant environ le quart externe de la base, brun ou brunâtre sur la partie médiaire. *Ecusson* brun. *Elytres* obtusément arrondies postérieurement; d'un roux testacé, ornées d'une bordure suturale brune, uniforme, étroite. *Dessous du corps* noir sur les parties pectorales et sur les quatre premiers arceaux du ventre, d'un jaune rougeâtre sur les derniers. *Pieds* d'un jaune rougeâtre.

Patrie : le Brésil, (collect. Deyrolle).

Obs. L'individu que j'ai eu sous les yeux n'avait visiblement pas acquis tout le développement de sa matière colorante. La partie médiaire du prothorax, l'écusson et la bordure suturale étroite, doivent être noires ou d'un brun foncé chez d'autres individus.

15^{C} **Cleothera micilla**. *Dessus du corps d'un flave roussâtre. Elytres ornées chacune d'une ligne brune ou d'un brun roussâtre, joignant la suture, prolongée depuis l'écusson jusqu'aux deux cinquièmes de la longueur, égale au cinquième ou un peu moins de la largeur, constituant avec sa pareille une tache commune, en carré long.*

Long. 0,0017 (3/4 l.)

Corps obtusément ovalaire, peu raccourci; pointillé; luisant en dessus. *Tête*, *antennes*, *palpes*, *antépectus*, *ventre* et *pieds* d'un flave roussâtre. Médi et postpectus et base du premier arceau ventral, noirs.

Patrie : les environs de Caracas, (collect. Deyrolle).

Page 569.

20^{B}. **Cleotera limbigera.** *Ovale; convexe. Prothorax flave ou rougeâtre, orné de deux taches dorsales brunes, presque contiguës sur la ligne médiane, couvrant les deux tiers au moins de la base, avancées jusqu'au sixième antérieur : noté d'une tache latérale. Elytres d'un jaune pâle, ornées d'une bordure suturale, d'une bande commune arquée en arrière, couvrant la suture depuis la moitié jusqu'aux six septièmes, et chacune d'une grosse tache, brunes : celle-ci couvrant le calus, liée à la bordure suturale et à la bande arquée : ces diverses parties brunes laissant une bordure marginale, une tache obtriangulaire près de l'écusson, une autre plus petite entre la grosse tache, la suture et la bande, flaves.*

Long. 0,0033 (1 1/2 l). Larg. 0,0022 (1 l.).

Corps ovale; subarrondi ou peu obtus postérieurement; convexe; pointillé; luisant, en dessus. *Tête*, *antennes* et *palpes* d'un rouge testacé ou d'un testacé rougeâtre. *Prothorax* en arc dirigé en arrière et tronqué au devant de l'écusson, à la base ; rayé au devant de la moitié médiaire de celle-ci d'une ligne légère, constituant un rebord très-étroit; marqué de deux taches dorsales brunes ou d'un brun noir, couvrant les deux tiers médiaires au moins de la base, rétrécies d'arrière en avant, avancées jusqu'au sixième antérieur de la lóngueur, à peine séparées par une ligne médiane étroite et rougeâtre; noté près de chaque bord latéral d'une tache d'un testacé rougeâtre, laissant entre elle et la tache dorsale brune un espace flave souvent réduit à une petite tache ; d'un testacé rougeâtre au bord antérieur. *Ecusson* en pentagone irrégulier; d'un brun noir. *Elytres* subarrondies postérieurement ; convexes ; d'un jaune pâle, ornées d'une bordure suturale, d'une bande commune en arc dirigé en arrière, et chacune d'une grosse tache, d'un brun noir ou d'un noir brun : la bordure suturale, au moins aussi large en devant que la base de l'écusson, un peu élargie jusqu'au cinquième de la longueur où elle se confond avec la tache, d'une largeur double à celle de l'écusson entre la tache et l'arc, c'est-à-dire du tiers ou un peu plus à la moitié, plus étroite postérieurement : la bande en arc dirigé en arrière, couvrant la suture depuis la moitié jusqu'aux six septièmes de la longueur, avancée jusqu'aux deux cinquièmes : chacune des taches particulières à chaque étui liée à la base vers le tiers externe de celle-ci, couvrant le calus, prolongée jusqu'à la partie antérieure de la bande arquée d'une part et jusqu'à la bordure suturale de l'autre, vers le quart de la longueur ; ces diverses parties brunes ou d'un brun noir laissant de couleur flave : 1° une bordure marginale prolongée depuis les épaules jusqu'à l'angle huméral, un peu plus étroite dans ses deux cinquièmes antérieurs, sinueusement élargie vers le point d'union de la tache et de la partie antérieure de la bande arquée : 2° une tache obtriangulaire sur les côtés de l'écusson : 3° une autre tache obtriangulaire plus petite, entre la grosse tache brune, la bordure suturale et le bord antérieur de la bande arquée : *repli* flave. *Dessous du corps*, noir sur les médi et postpectus, moins obscur sur le ventre, surtout sur l'extrémité de celui-ci. *Pieds* d'un flave rougeâtre.

Patrie : le Brésil, (collect. Deyrolle).

Obs. L'exemplaire d'après lequel a été faite cette description paraissait n'avoir pas acquis la couleur noire dans son état complet de développement ; par suite de ce développement incomplet du pigmentum, la tête et le bord antérieur du prothorax qui se trouvaient rougeâtres, peuvent être flaves chez d'autres individus plus adultes. La tache des élytres peut aussi peut-être se montrer plus restreinte chez d'autres exemplaires et rester isolée de la suture et de la bande arquée.

Page 572 :

21[B] **Cleothera uncinata**. *Brièvement et obtusément ovale. Prothorax d'un jaune pâle ; marqué de quatre taches : deux, couvrant la moitié médiaire de la base : deux près de la ligne médiane, souvent liées aux autres. Elytres d'un jaune pâle, ornées d'une bordure périphérique, et chacune de cinq taches d'un noir brun : deux, en carré long près de la* *base: une petite, sur le disque: deux plus postérieures: l'interne, courbée en hameçon à sa partie postéro-externe, ordinairement liée à la troisième par son angle antéro-interne.*

ETAT NORMAL. *Prothorax* d'un jaune pâle, marqué de quatre taches noires: les deux postérieures presque liées ou liées à la base, et dans ce dernier cas constituant une bordure basilaire, couvrant la moitié médiaire du bord postérieur, étroite au devant de l'écusson, graduellement dilatée de dedans en dehors de chaque côté de ce point: les antérieures, situées, vers la moitié de la longueur, de chaque côté de la ligne médiane, parfois liées chacune à l'angle antéro-externe des postérieures qui leur correspondent respectivement. *Elytres* d'un jaune pâle, ornées chacune d'une bordure périphérique et de cinq taches, noires: la bordure périphérique, étroite en devant, presque réduite au rebord extérieurement, moins étroite postérieurement, constituant sur la suture une bordure commune, à peu près égale à l'écusson en devant et vers les trois quarts, graduellement et faiblement moins étroite dans le milieu, légèrement renflée en ovale avant l'extrémité: les première et deuxième taches, formant avec leurs pareilles une rangée transversale: la deuxième ou externe, couvrant le calus de sa partie antérieure, prolongée environ jusqu'aux deux cinquièmes, une fois plus longue que large: la première, plus étroite, au moins aussi longue, située entre la deuxième et la bordure suturale: la cinquième, située en arrière de la deuxième, en carré allongé, couvrant de la moitié aux trois quarts environ de la longueur: la quatrième, aussi voisine de la suture que la première, en forme de hameçon, postérieurement recourbée du côté externe, naissant au niveau de la moitié de la cinquième, plus postérieurement prolongée de la moitié environ de la longueur de celle-ci: la troisième, la plus petite, carrée ou presque ponctiforme, située sur le disque, à égale distance des première, deuxième et cinquième, liée ou à peu près à l'angle antéro-externe de la quatrième.

Long. 0,0036 (1 2/3 l.). Larg. 0,0028 (1 1/4 l.).

Corps brièvement et obtusément ovale: luisant, pointillé. *Tête* d'un jaune pâle, marquée près de la suture frontale de deux points bruns, souvent dilatés et constituant une tache brune ou d'un brun rougeâtre. *Antennes* et *palpes* jaunes. *Prothorax* parfois d'un rouge brun entre les taches, par l'effet de l'extension de la matière colorante de celles-ci. *Ecusson* noir. *Elytres* obtusément et obliquement tronquées chacune à leur extrémité. *Dessous du corps* d'un brun noir sur la poitrine, brun sur le premier arceau ventral, puis d'un rouge brun, plus clair sur les côtés que sur le disque des autres arceaux. *Pieds* jaunes.

PATRIE : Ste-Catherine (Brésil), (collect. Deyrolle).

Page 590.

30 B **Cleothera octupla**. *Brièvement et obtusément ovale. Prothorax noir, paré sur les côtés, d'une bordure jaune moins étroite au bord antérieur. Elytres jaunes, ornées d'une bordure périphérique et chacune de quatre taches, noires : la bordure suturale graduellement un peu plus large dans son milieu : les taches, disposées sur deux rangées, une fois plus longues que larges : l'interne postérieure en forme de pepin : les autres en parallélipipède allongé.*

ETAT NORMAL. *Prothorax* noir, paré de chaque côté d'une bordure jaune, avancée en devant jusqu'à la sinuosité postoculaire, brusquement rétrécie vers les deux cinquièmes de la longueur et réduite à moins de moitié de sa largeur sur la partie postérieure des bords latéraux. *Elytres* jaunes ou d'un jaune pâle, ornées d'une bordure périphérique et chacune de quatre taches disposées par paires, noires : la bordure périphérique, formant sur la suture une bordure commune, de moitié plus étroite que la base de l'écusson, à l'extrémité de celui-ci, graduellement élargie et de moitié au moins plus large que la base de l'écusson vers la moitié de la longueur, graduellement rétrécie ensuite, réduite au rebord au côté externe, un peu moins étroite à la base, plus large au bord postérieur : les première et deuxième taches, une fois au moins plus longues que larges, formant avec leurs semblables une rangée transversale un peu arquée en arrière : la première, prolongée du huitième environ presque à la moitié de la longueur, à peine aussi isolée de la bordure suturale que de sa voisine : la deuxième, sur le calus, un peu moins postérieurement prolongée : les troisième et quatrième, formant avec leurs pareilles une rangée parallèle à la précédente : la troisième ou interne, presque en forme de pepin, un peu obliquement dirigée en dehors, d'arrière en avant, et graduellement rétrécie à son côté interne, du milieu à son bord antérieur : la quatrième, en parallélogramme une fois plus long que large, un peu plus voisine du bord externe que de la troisième.

Long. 0,0028 (1 1/4 l.). Larg. 0,0018 (4/5 l.).

Corps brièvement et obtusément ovale; médiocrement convexe ; finement ponctué , brillant en dessus. *Prothorax* tronqué au devant de l'écusson et sensiblement sinué au devant de cette troncature. *Ecusson* noir. *Elytres* obtusément arrondies chacune à l'extrémité. *Dessous du corps* noir, avec les derniers arceaux du ventre d'un rouge brun. *Pieds* d'un jaune ou flave rougeâtre.

PATRIE : Ste-Catherine (Brésil), (collect. Deyrolle).

Page 596. — Ligne 12, au lieu de :

soit d'une bordure marginale entière.

Lisez :

soit d'une bordure marginale jaune entière.

Page 599. — Ligne 15, au lieu de : *les secondes, de cinq taches*, lisez : *les secondes, chacune de cinq taches*.

Page 607.

39^{B} **Cleothera scapulata**. *Obtusément et brièvement ovale. Prothorax noir, étroitement bordé de jaune sur les côtés. Elytres noires, à cinq taches jaunes (dont deux unies ensemble): les première et deuxième,* *presque liées à la base: l'interne, semi-orbiculaire: l'externe, en forme de bordure humérale prolongée jusqu'à la quatrième: celle-ci anguleusement dilatée au côté interne: la troisième, subarrondie, un peu moins grosse que la première, formant avec la quatrième et leurs semblables une rangée presque transversale: la cinquième, subapicale, une fois plus large que longue.*

Long. 0,0036 (1 2/3 l.). Larg. 0,0030 (1 1/3 l.).

PATRIE: Saint-Paul (Brésil), (collect. Chevrolat).

OBS. Elle a beaucoup d'analogie avec la *Cleoth. humerata*; elle en diffère par sa première tache des élytres semi-orbiculaire, à peu près liée à l'humérale ; par la troisième un peu moins grosse que la première ; surtout par la quatrième, anguleusement dilatée jusqu'aux deux cinquièmes externes de la largeur, formant une sorte de triangle dont la base joint le rebord et dont le côté postérieur est échancré en arc ; par les troisième et quatrième taches constituant avec leurs semblables une rangée presque transversale ; enfin par la forme de la tache postérieure, sans échancrure en devant.

Je n'ai vu que la ♀. Chez cet exemplaire la tête était noire; le prothorax de même couleur , paré latéralement d'une bordure jaune, égale en devant aux trois cinquièmes de la largeur comprise entre le bord externe et la sinuosité postoculaire, étendue à peu près en devant jusqu'à la sinuosité postoculaire, de suite après, presque de moitié réduite, puis graduellement rétrécie jusqu'à l'angle postérieur. *Cuisses* noires *Jambes* et *tarses* d'un jaune rouge.

39c **Cleothera lividipes.** *Obtusément ovale. Prothorax d'un blanc flavescent, paré d'une bordure basilaire couvrant la moitié médiaire de la base, tantôt tronquée, tantôt rétrécie et avancée presque jusqu'au bord antérieur. Elytres noires, ornées chacune de cinq taches d'un blanc flavescent: les première et deuxième, presque liées à la base: l'interne, orbiculaire, couvrant au moins le quart de la longueur: l'externe, petite: les troisième et quatrième, formant avec leurs pareilles une rangée transversale arquée en arrière: la cinquième, la plus grosse, couvrant au moins le quart postérieur: le réseau noir, parfois non pro-*

longé jusqu'au bord latéral et rendant incomplètement closes les taches juxta-marginales.

♂. Epimères du médipectus blanches. Ventre de sept arceaux : le sixième échancré.

♀. Epimères du médipectus noires. Ventre de six arceaux.

ETAT NORMAL. *Prothorax* d'un blanc sale ou flavescent, avec la partie médiaire, noire : celle-ci, couvrant la moitié médiaire de la base, graduellement rétrécie jusqu'à la moitié de la longueur, avancée ensuite presque jusqu'au bord antérieur d'une manière à peu près parallèle et un peu moins large que le front. *Elytres* noires, ornées chacune de cinq taches d'un blanc sale ou flavescent : les première et deuxième, presque liées à la base : la première orbiculaire, un peu moins voisine de la suture que de la base, couvrant environ jusqu'aux trois cinquièmes de la largeur, et au moins le quart de la longueur : la deuxième, vers l'épaule, six ou huit fois plus petite : les troisième et quatrième, constituant avec leurs pareilles une rangée arquée en arrière : la troisième, presque aussi voisine de la suture que la première, orbiculaire ou très-brièvement ovale, couvrant le quart médiaire de la longueur : la quatrième, de moitié plus antérieure et de moitié moins postérieure, orbiculaire, presque liée au rebord marginal, plus grosse que la troisième, à peu près égale à la première : la cinquième, apicale, en laissant noir le rebord, couvrant l'extrémité à partir des cinq septièmes du bord externe et des trois quarts de la suture, dont elle se détache graduellement d'arrière en avant à partir de l'angle sutural.

Variations du Prothorax et des Elytres.

OBS. La partie noire du prothorax est parfois réduite, surtout chez le ♂, à une bordure noire, couvrant la moitié médiaire de la base, rétrécie d'arrière en avant, tronquée et couvrant à peine le tiers postérieur sur la ligne médiane.

Quelquefois le réseau noir des élytres ne se prolonge pas jusqu'au bord externe, dont il reste distant d'un cinquième environ de la largeur, en sorte que les deuxième, quatrième et cinquième taches sont liées entre elles et constituent une large bordure marginale trifestonnée.

Long. 0,0033 à 0,0036 (1 1/2 à 1 2/3 l.). Larg. 0,0022 à 0,0027 (1 à 1 1/4 l.).

Corps obtusément ovale; pointillé; luisant. *Tête, antennes* et *palpes*, d'un blanc sale ou flavescent. *Yeux* gris, ou noirs après la mort. *Prothorax* tronqué et sensiblement sinué de chaque côté de cette troncature. *Ecusson* noir. *Repli* des élytres, tantôt noir avec une tache antérieure blanche, tantôt, et particulièrement chez le ♂, d'un blanc flavescent. *Dessous du corps* noir ou brun sur les médi et postpectus et sur le premier arceau ventral, d'un blanc flavescent ou d'un blanc fauve sur le reste.

PATRIE : l'Amérique méridionale, (collect. Motschoulsky).

OBS. Les parties noires paraissent être ordinairement plus foncées chez les ♀ que chez les ♂. Quand les parties pectorales et le premier arceau ventral sont très-noirs, les arceaux suivants sont d'un blanc flavescent; quand les premières parties sont moins fortement colorées, le pigmentum paraît s'être répandu sur les arceaux du ventre qui sont alors testacés ou d'un fauve blanchâtre.

Page 607.

40. **Cleothera decem-signata**. Ligne 18, au lieu de : chaque dent étendue, lisez : chaque dent couvrant à la base depuis.

OBS. L'état normal du prothorax du ♂ doit être caractérisé de la sorte : prothorax flave, paré sur les trois cinquièmes médiaires de sa base d'une bordure noire, émettant en devant, jusqu'au sixième antérieur, deux dents obtuses, séparées entre elles sur la ligne médiane par la couleur flave : cette bordure noire, souvent linéairement ou peu distinctement étendue sur le bord postérieur, en dehors des trois cinquièmes médiaires, presque jusqu'aux angles de derrière.

Chez l'exemplaire de la collection Dejean, les dents sont triangulaires, beaucoup plus courtes; mais en l'examinant attentivement, on peut voir d'une manière très-nébuleuse les traces des prolongements que nous venons d'indiquer.

La ♀ a le prothorax noir brun ou brunâtre, paré de chaque côté d'une bordure flave, étendue en devant jusqu'à la sinuosité postoculaire, presque aussi large à la base, un peu anguleusement avancée vers le milieu de sa longueur.

Les taches des élytres varient assez légèrement de forme ; cependant un des caractères propres à faire distinguer cette espèce d'une partie des suivantes, consiste dans la forme de la tache humérale, qui est presque carrée ou parfois plus large que longue, au lieu d'être obtriangulaire.

PATRIE : le Brésil, (collect. Chevrolat).

Page 610.

41[B] **Cleothera Rayneyalii.** *Brièvement et obtusément ovale. Prothorax noir à la base, largement flave sur les côtés. Elytres noires, ornées de cinq taches : les première et deuxième, subbasilaires : les troisième et quatrième formant avec leurs semblables une rangée transversale vers la moitié : la cinquième, subapicale : la troisième ou interne de la deuxième rangée, rose : les autres, d'un jaune pâle.*

♂. Inconnu.

♀ Tête d'un jaune pâle. *Prothorax* noir sur sa partie médiaire, d'un jaune pâle sur les côtés : la partie jaune, formant une bordure étendue en devant jusqu'à la sinuosité postoculaire, couvrant le cinquième externe environ de la base, anguleusement dilatée dans son milieu. Epimères obscures. Ventre de six arceaux.

ETAT NORMAL. *Elytres* noires, ornées chacune de cinq taches : les première et deuxième à peu près liées à la base : la première, suborbiculaire, presque liée à la base de l'écusson, non étendue jusqu'à la moitié de la largeur : la deuxième, liée au rebord externe excepte à sa partie postérieure, anguleuse au côté interne, couvrant à peine le quart externe de la largeur : les troisième et quatrième, formant avec leurs semblables une rangée transversale : la troisième ou interne, ovale, aussi voisine de la suture que la première, étendue un peu au delà de la moitié de la largeur, couvrant les deux septièmes médiaires de la longueur: la quatrième, liée au rebord externe, anguleuse au côté interne, couvrant à peine plus du cinquième médiaire de la longueur comprise entre l'épaule et l'angle postéro-externe, étendue à peine jusqu'aux deux septièmes externes de la largeur: la cinquième, en parallélipipède transverse, aussi rapprochée de la suture que la troisième, presque liée au rebord externe, très-voisine du bord apical: la deuxième tache, rose: les autres, d'un jaune pâle.

Long. 0,0056 (1 2/3 l.). Larg. 0,0028 (1 1/4 l.).

Corps brièvement et obtusément ovale, pointillé; luisant ou brillant en dessus. *Antennes* et *palpes* jaunes. *Prothorax* tronqué au devant de l'écusson et sensiblement sinué au devant de cette troncature. *Dessous du corps* noir sur la poitrine et parfois plus ou moins sur la partie antéro-médiaire du premier arceau ventral : reste du ventre d'un rouge jaune. Côtés de l'antépectus jaunes. *Pieds* d'un jaune rouge.

PATRIE : Cayenne, (collect Deyrolle).

J'ai dédié cette belle espèce à M. le comte de Rayneval, ambassadeur de France à Rome, que les sciences naturelles se glorifient de compter au nombre de leurs amis les plus éclairés.

Page 611.

42^B **Cleothera arcualis**. *Obtusément ovale. Prothorax jaune, au moins sur les côtés. Elytres noires, ornées chacune de cinq taches flaves : les première et deuxième, presque liées à la base : l'interne, suborbiculaire, tronquée en devant : l'externe, étroite : les troisième et quatrième, formant avec leurs pareilles une rangée transversale en arc dirigé en arrière : la troisième, couvrant le quart médiaire de la longueur : la quatrième, plus grande, de moitié plus antérieure et de moitié moins postérieure : la cinquième, subapicale, transverse, échancrée en devant.*

♂. Ventre de sept arceaux : le premier, garni de poils sur sa partie antéro-médiaire : le cinquième, échancré. Epimères des médi et postpectus d'un blanc flavescent.

♀. Ventre de six arceaux : le premier, glabre : le cinquième, non échancré. Epimères obscures ou d'un blanc brunâtre.

Etat normal. *Prothorax* flave, avec la partie médiaire noire : celle-ci, couvrant la moitié ou les trois cinquièmes médiaires de la base, graduellement rétrécie jusqu'à la moitié de la longueur où elle occupe les deux cinquièmes médiaires de la largeur, avancée presque jusqu'au bord antérieur, à peine bilobée en devant. *Elytres* noires, parées de cinq taches flaves, ou flaves ornées d'une bordure périphérique et d'un réseau noir : celui-ci divisant la surface de chacune en cinq taches flaves : les première et deuxième presque liées à la base : la première, rapprochée de la suture, suborbiculaire, tronquée en devant, un peu ogivale postérieurement, couvrant à peu près jusqu'aux trois cinquièmes de la largeur : la deuxième, humérale, étroite, à peine aussi longuement prolongée : les troisième et quatrième, formant avec leurs pareilles une rangée arquée en arrière : la troisième aussi voisine de la suture que la première, c'est-à-dire environ du dixième de la largeur, ovale, dépassant à peine la moitié de la largeur, couvrant le quart médiaire de la longueur : la quatrième, plus grande, de moitié plus antérieure et de moitié moins postérieure, presque en parallélipipède longitudinal émoussé ou subarrondi aux angles, voisine du bord externe : la cinquième, subapicale, transverse, échancrée à son bord antérieur, aussi voisine du bord externe, vers la courbure postéro-externe que du bord postérieur et de la suture près de l'angle apical, graduellement plus distante de la suture d'arrière en avant.

Variations du Prothorax.

Obs. Quelquefois la partie noire au lieu de s'avancer jusque près du bord antérieur, ne dépasse pas les deux tiers, et se montre presque quadrifestonnée en demi-cercle. Cette variation semble principalement particulière au ♂.

Long. 0,0026 (1 1/5 l.). Larg. 0,0018 (3/4 l.).

Corps obtusément ovale; pointillé; luisant. *Tête, antennes* et *palpes* d'un blanc flavescent. *Ecusson* noir. *Dessous du corps* noir sur les médi et postpectus, brun, d'un rouge brun ou d'un rouge testacé sur le ventre, avec les deux derniers arceaux parfois d'un jaune testacé. *Pieds* d'un blanc flavescent (♂) ou d'un jaune rouge (♀).

PATRIE : l'Amérique méridionale, (collect. Motschoulsky).

Page 613.

43[B] **Cleothera vexata**. *Brièvement et obtusément ovale. Prothorax jaune, paré à la base d'une bordure noire, quadrilobée en devant, couvrant les deux cinquièmes de la longueur. Elytres noires, ornées chacune de cinq taches jaunes : les première et deuxième, presque liées à la base : l'interne, presque orbiculaire, étendue jusqu'aux deux tiers de la largeur ; l'externe, étroite, obtriangulaire : les troisième et quatrième, formant avec leurs pareilles une rangée en arc dirigé en arrière : l'externe, carrée : l'interne, ovale : la cinquième, subapicale, en carré large.*

ETAT NORMAL. *Prothorax* jaune, paré à la base d'une bordure noire, quadrifestonnée en devant, égale aux deux cinquièmes ou trois septièmes de la longueur ; marqué au devant de celle-ci, de chaque côté de la ligne médiane d'une tache d'un rouge brunâtre, qui, chez d'autres individus, peut être représentée par un point brun. *Élytres* noires, parées chacune de cinq taches jaunes ; les première et deuxième, presque liées à la base : la première ou interne, presque orbiculaire, plus large que longue, presque liée à l'écusson, couvrant environ les deux tiers de la largeur : la deuxième, humérale, étroite, rétrécie d'avant en arrière : les troisième et quatrième, formant avec leurs semblables une rangée en arc dirigé en arrière : la troisième ou interne, ovale, aussi voisine de la suture à peu près que la première, couvrant un peu plus du cinquième médiaire de la longueur : la quatrième ou externe, carrée, très-voisine du bord externe, plus antérieure de la moitié de la longueur de la troisième : la cinquième, en carré large, très-voisine du bord externe, à peine moins du postérieur, un peu moins rapprochée de la suture que la troisième.

Long. 0,0033 (1 1/2 l.). Larg. 0,0022 (1 l.).

Corps brièvement et obtusément ovale ; assez convexe ; pointillé ; brillant. *Tête*, *antennes* et *palpes* jaunes. *Ecusson* noir. *Elytres* obtusément arrondies à leur extrémité. *Dessous du corps* noir sur la poitrine, d'un jaune orangé ou rougeâtre sur le ventre. *Pieds* jaunes.

PATRIE : Caracas, dans la Colombie, (collect. Deyrolle).

OBS. Je n'ai vu que l'un des sexes.

Page 613. **Cleothera Levrati.**

Le ♂ de cette espèce m'était inconnu, lorsque je publiai la description de cette espèce. En voici la description :

Tête flave. *Prothorax* ordinairement paré en devant d'une bordure flave graduellement plus étroite ou peu distincte dans son milieu. Cuisses d'un jaune rougeâtre. Ventre de sept arceaux.

OBS. le prothorax, quand la matière noire a acquis tout son développement, offre une partie médiaire noire couvrant près de la moitié médiaire de la largeur, arrondie en devant et avancée dans son milieu à peu près jusqu'au bord antérieur : cette partie noire réduite sur les côtés de cette partie avancée à une bordure basilaire couvrant près de la moitié postérieure de la longueur, et rétrécie d'une manière arquée, à son bord antérieur, en se prolongeant jusqu'à l'angle de derrière ; quand la matière colorante noire est moins intense, on aperçoit sur la ligne médiane une raie moins obscure qui divise en deux la partie avancée ; enfin quand la matière colorante a en partie fait défaut, la région noire est à peu près réduite à une bande basilaire noire, couvrant les deux cinquièmes postérieurs de la longueur. Quelques-unes des taches jaunes des élytres varient aussi plus ou moins. Ainsi la première est parfois semi-orbiculaire ou presque carrée : la deuxième, quelquefois un peu moins longue et moins détachée du rebord : la quatrième, non liée au bord externe et souvent peu ou point échancrée en devant : la troisième, par sa forme en triangle dirigé en arrière et à côtés curvilignes, est une des plus caractéristiques.

PATRIE : le Brésil, (collect. Deyrolle).

Page 615.

11B. **Cleothera punctum.** *Brièvement et obtusément ovale. Prothorax noir, paré de chaque côté d'une bordure jaune, obtriangulaire, étendue en devant jusqu'à la sinuosité, à peine prolongée jusqu'au bord postérieur* (♀). *Elytres noires, à cinq taches jaunes : les première et deuxième, presque liées à la base : l'interne, en ogive postérieurement, prolongée à peine jusqu'au cinquième : l'externe, obtriangulaire, plus longue : les troisième et quatrième, brièvement ovales formant avec leurs semblables une rangée arquée en arrière : la cinquième, à peine échancrée en devant.*

♂. Inconnu.

♀. Tête noire, parée sur le vertex d'une tache ponctiforme jaune. Epimères noires. Pieds d'un jaune roussâtre : cuisses obscures.

ETAT NORMAL. *Elytres* noires, ornées chacune de cinq taches jaunes : les première et deuxième, presque liées à la base : la première, couvrant du sixième aux trois cinquièmes de la largeur, en ogive postérieurement, prolongée un peu au delà du sixième, à peine jusqu'au cinquième de la longueur : l'externe, couvrant le cinquième de la largeur à la base, rétrécie d'avant en arrière, un peu plus longuement prolongée : les troisième et quatrième, formant avec leurs semblables une rangée arquée en arrière : la troisième, brièvement ovale, un peu moins rapprochée de la suture que la première, étendue jusqu'aux trois septièmes de la largeur, couvrant le sixième médiaire de la longueur : la quatrième, à peu près égale, liée au bord externe, plus antérieure du tiers de la longueur de la troisième : la cinquième, subapicale, transverse, à peine échancrée au bord antérieur, un peu plus rapprochée de la suture que la troisième, séparée du bord externe par un espace un peu plus grand que le juxta-sutural.

Long. 0,0033 (1 1/2 l.). Larg. 0,0022 (1 l.).

Corps brièvement et obtusément ovale ; convexe ; pointillé ; luisant. *Prothorax* tronqué au devant de l'écusson et faiblement sinué de chaque côté, à la base. *Dessous du corps* noir.

PATRIE : Saint-Paul, (collect. Chevrolat).

OBS. Elle a de l'analogie avec la *Cl. Levrati* et quelques autres : la forme de la quatrième tache, la disposition arquée en arrière de la rangée formée par les troisième et quatrième taches et par leurs voisines, sert à la faire reconnaître. La tache ponctiforme jaune manque d'ailleurs au vertex (♀) des espèces voisines que j'ai eues sous les yeux.

Page 617.

46. **Cleothera Armandi.**

♂. Tête, palpes et épimères du médipectus flaves ou d'un jaune pâle. Prothorax noir, avec le bord antérieur et les côtés d'un jaune pâle : la partie noire, avancée jusqu'au sixième antérieur, bifestonnée en devant, et formant de chaque côté un angle correspondant à l'angle rentrant de la bordure latérale décrite chez la ♀. Ventre de sept arceaux. Cuisses entièrement d'un jaune rouge.

Dans l'exemplaire soumis à mon examen la tache humérale, rétrécie d'avant en arrière, se prolonge à peu près jusqu'au tiers des élytres.

PATRIE : le Brésil, (collect. Deyrolle).

Page 618.

46B. **Cleothera troglodytes.** *Obtusément ovale. Elytres noires,* *ornées chacune de cinq taches jaunes ou flaves : les première et deuxième, presque liées à la base ; l'interne, la moins petite, postérieurement en ogive : les troisième et quatrième, petites, ponctiformes, formant avec leurs semblables une rangée transversale, vers la moitié de la longueur : la cinquième, plus rapprochée du bord externe que de la suture.*

Hyperaspis troglodytes, Dej., in collect.

♂. Tête flave. Prothorax flave sur ses côtés et à sa partie antérieure, noir à la base : la partie noire couvrant le bord postérieur, jusqu'aux angles, arquée et quadrifestonnée en devant : les festons intermédiaires, avancés jusqu'au tiers ou presque jusqu'au quart antérieur. Epimères du médipectus flaves.

♀. Tête noire. Prothorax noir, paré de chaque côté d'une bordure flave, avancé en devant jusqu'à la sinuosité postoculaire, graduellement rétrécie de là jusqu'aux angles postérieurs.

Etat normal. *Elytres* noires, parées chacune de cinq taches flaves (♂) ou jaunes (♀) : les première et deuxième, presque liées à la base : la première ou interne, en ogive postérieurement, à peine prolongée jusqu'au septième de la longueur, un peu plus largement étendue à la base que la moitié de la largeur des élytres, la moins petite de toutes : la deuxième, humérale : les troisième et quatrième, ponctiformes, variant pour la grosseur entre le cinquième et le huitième de la largeur de chaque élytre, formant avec leurs semblables une rangée transversale vers la moitié de la longueur : la troisième, distante d'un cinquième ou plus de la suture : la quatrième, presque liée au bord externe : la cinquième, ordinairement à peine moins petite que la troisième, rapprochée du bord postérieur, plus voisine du bord externe que de la suture.

Long. 0,0022 (1 l.). Larg. 0,0015 (2/3 l.).

Corps obtusément ovale ; convexe ; moins finement pointillé sur les élytres que sur le prothorax. *Antennes* et *palpes* flaves ou jaunes. *Dessous du corps* noir. *Pieds* jaunes (♀) ou flaves (♂).

Patrie : les Etats-Unis, (collect. Dejean, Deyrolle).

Obs. Elle se distingue de la *Cl. Billoti*, avec laquelle elle a de l'analogie par sa petitesse, par la situation de la cinquième tache des élytres plus rapprochée du bord externe que de la suture. La ♀ s'en distingue d'ailleurs par sa tête entièrement noire et par la forme de la bordure des côtés du prothorax.

Page 624. — Ligne 27 à 29 au lieu de : anguleusement dilatées chacune vers leur milieu, mais offrant la dilatation du bord antérieur plus externe que celle du bord postérieur, lisez : anguleusement dilatées chacune : l'antérieure, vers les deux tiers de son bord antérieur et le milieu ou un peu moins de son bord postérieur : la seconde, vers le milieu de son bord antérieur et le tiers interne de son bord postérieur.

Page 632.

53[B]. **Cleothera mercabilis** *Obtusément ovale. Elytres noires, ornées chacune d'une bordure externe couvrant les quatre cinquièmes de la longueur et de trois taches, orangées : la bordure, égale environ au dixième de la largeur un peu après l'angle huméral, prolongée en se rétrécissant jusqu'aux deux cinquièmes, obtriangulairement dilatée ensuite : les taches, disposées sur une ligne longitudinale : la première semi-orbiculaire, liée à la base et au côté de l'écusson : la deuxième, ovalaire, oblique, couvrant un peu plus d'un cinquième médiaire de la longueur, presque du tiers à un peu plus de la moitié de la largeur : la troisième, en ovale transverse : la bordure, parfois liée à la première et à la deuxième tache.*

♂ Inconnu.

♀ Tête noire. Prothorax noir, paré de chaque côté d'une bordure orangée à peine étendue en devant jusqu'à la sinuosité postoculaire, de suite après presque de moitié moins large et rétrécie ensuite jusqu'à l'angle postérieur. Ventres de six arceaux. Cuisses noires. Jambes et tarses d'un jaune roussâtre.

Etat normal. *Elytres* noires, ornées chacune d'une bordure externe, inégale, postérieurement raccourcie et chacune de trois taches orangées : la bordure, laissant le rebord noir, naissant vers les quatre cinquièmes externes de la base, égale environ au dixième ou au douzième de la largeur vers le dixième de la longueur, graduellement et faiblement rétrécie jusqu'aux deux cinquièmes environ de la longueur, brusquement dilatée dans ce point en forme de triangle dirigé en arrière, couvrant au moins le quart externe de la largeur, et prolongé en se rétrécissant graduellement jusqu'aux quatre cinquièmes de la longueur : les taches, disposées en ligne longitudinale : la première, semi-orbiculaire, couvrant la base depuis les côtés de l'écusson jusqu'aux deux tiers de la largeur : la deuxième, ovalaire, un peu oblique de dehors en dedans et d'avant en arrière, naissant au niveau de la partie obtriangulaire de la bordure, prolongée jusqu'à un peu plus des trois cinquièmes de la longueur, couvrant depuis un peu plus du quart jusqu'à un peu plus de la moitié de la largeur : la troisième, en ovale transverse, une fois environ plus rapprochée du bord apical que de l'extrémité de la deuxième tache, un peu plus rapprochée de la suture que la deuxième, moins voisine du bord externe que de la suture.

Variations des Elytres.

Obs Quelquefois la bordure se lie, à la base, avec la première tache, et vers la dilatation obtriangulaire avec la deuxième tache ; les élytres semblent alors noires, ornées chacune d'une bordure marginale, postérieurement raccourcie, de laquelle naissent deux bandes transverses non prolongées jusqu'à la suture, et d'une tache subapicale, orangées.

Long. 0,0039 à 0,0045 (1 3/4 à 2 l.). Larg. 0,0033 (1 1/2 l.)

Corps obtusément ovale ; médiocrement convexe ; moins finement ponctué sur les élytres que sur le prothorax ; luisant, en dessus. *Prothorax* peu obtus au devant de l'écusson et à peine sinué de chaque côté de cette partie médiaire. *Ecusson* noir. *Repli* orangé. *Dessous du corps* noir.

PATRIE : le Brésil, (collect. Deyrolle).

Page 633. — 35. **Cleothera Serval.**

♂. Tête et épimères du médipectus, flaves. Prothorax noir, paré de chaque côté d'une bordure d'un jaune pâle, étendue en devant jusqu'au côté interne des yeux, tantôt paraissant obtriangulaire, rétrécie graduellement jusqu'à l'angle postérieur, ordinairement parallèle ou subparallèle jusqu'à la moitié, puis brusquement rétrécie d'une manière anguleuse ou parfois presque en ligne courbe, jusqu'à l'angle de derrière. Ventre de sept arceaux. Cuisses entièrement d'un rouge jaune.

Les taches varient d'étendue et par suite de forme. Parfois elles sont séparées par un réseau plus ou moins étroit et brun ou d'un brun rougeâtre. La matière colorante semble s'être particulièrement concentrée sur la suture et sur le calus qui semble marqué d'un point noir. L'étroitesse du réseau donne aux taches un développement plus grand. Dans ce cas, la deuxième ou juxta-suturale égale à peu près le tiers médiaire de la longueur, et les autres ont une grandeur proportionnelle.

PATRIE : le Brésil ? (collect. Deyrolle).

OBS. Cette espèce me semble, ainsi que je le croyais, devoir être réunie à la *jocosa*.

Page 634.

55B **Cleothera limata.** *Obtusément ovale. Élytres noires, ornées chacune de quatre taches jaunes ou d'un roux flave : la première, presque liée à la base et à l'écusson, étendue jusqu'aux trois cinquièmes de la largeur, en carré plus large que long, non prolongée jusqu'au cinquième de la longueur : les deuxième et troisième, formant avec leurs pareilles une rangée presque en demi-cercle dirigé en arrière : l'interne, tronquée* *en devant, arrondie en arrière, naissant un peu avant la moitié: l'externe, assez petite, suborbiculaire, plus antérieure de toute sa longueur: la quatrième, subapicale, transverse, presque parallèle, couvrant les deux tiers médiaires de la largeur.*

♂. Inconnu.

♀. Tête noire. Prothorax noir, paré de chaque côté d'une bordure obtriangulaire, d'un flave roux, étendue à peine en devant jusqu'à la sinuosité postoculaire, à peine prolongée, en se rétrécissant graduellement, jusqu'à l'angle postérieur: cette bordure parfois en partie divisée longitudinalement, de manière à constituer une bordure latérale uniformément étroite, une bordure presque semblable en devant, jusqu'à la sinuosité, une ligne longitudinale raccourcie, partant de cette dernière, jaunes ou d'un flave roux. Epimères brunes. Ventre de six arceaux.

ETAT NORMAL. *Elytres* noires, ornées chacune de quatre taches jaunes, flaves ou d'un roux flave: la première, à peu près attenante à la base, étendue depuis les côtés de l'écusson jusqu'aux trois cinquièmes de la largeur, en carré plus large que long, non prolongée jusqu'au cinquième de la longueur: les deuxième et troisième, formant avec leurs semblables une rangée très-arquée en arrière, la deuxième ou interne, séparée de la suture, comme la première, par un espace égal à la moitié de la largeur de l'écusson, presque en demi-cercle un peu allongé, tronquée en devant, arrondie postérieurement, naissant un peu avant la moitié de la longueur, prolongée un peu après les trois cinquièmes, étendue jusqu'à plus de la moitié de la largeur: la troisième, de toute sa longueur plus antérieure que la deuxième, subarrondie, assez petite, d'un diamètre égal à peu près au quart de la largeur, moins voisine du bord externe que la deuxième de la suture, parfois paraissant liée à une autre tache très-petite et peu apparente, située entre elle et le bord marginal: la quatrième, voisine du bord apical dont elle est graduellement moins rapprochée vers l'angle sutural, presque parallèle, transverse, une fois environ plus large que longue, couvrant les deux tiers médiaires de la largeur.

Long. 0,0031 (1 2/5 l.). Larg 0,0022 (1 l.).

Corps brièvement et obtusément ovale; pointillé; luisant ou brillant. *Antennes* et *palpes* d'un roux flave. *Prothorax* tronqué au devant de l'écusson et sinué de chaque côté de cette troncature. *Ecusson* noir. *Elytres* obstuses postérieurement. *Dessous du corps* noir, avec le ventre moins obscur à la base et graduellement d'un brun jaune et d'un jaune brunâtre à l'extrémité. *Pieds* d'un jaune rouge.

PATRIE; le Brésil, (collect. Deyrolle).

Page 634.

55. **Cleothera trivialis.** *Obtusément ovale. Prothorax noir, paré de chaque côté d'une bordure flave, étendue en devant jusqu'à la sinuosité postoculaire, à peine prolongée jusqu'à l'angle de derrière, presque parallèle dans sa première moitie, obtriangulairement rétrécie postérieurement. Elytres noires, ornées de trois taches et d'une bande, jaunes : les première et deuxième taches, à peu près liées à la base: la première, presque orbiculaire, à peine prolongée jusqu'au cinquième de la longueur: la deuxième, obtriangulaire, humérale: la bande, paraissant formée de deux taches unies, constituant avec leurs pareilles une rangée transversale arquée en arrière : la quatrième tache, subapicale, transverse.*

♂. Tête jaune. Prothorax noir, bordé de jaune pâle, en devant et sur les côtés: la bordure antérieure, étroite: chacune des bordures latérales, étendue en devant jusqu'à la sinuosité postoculaire, à peine prolongée jusqu'à l'angle de derrière, presque parallèle jusqu'au cinquième de la longueur, obtriangulairement rétrécie ensuite jusqu'à son extrémité, avec le bord interne de cette partie échancrée un peu échancré en arc. Epimères des médi et postpectus flaves. Ventre de sept arceaux: les cinquième, sixième et septième échancrés en demi-cercle dans leur milieu.

♀. Inconnue.

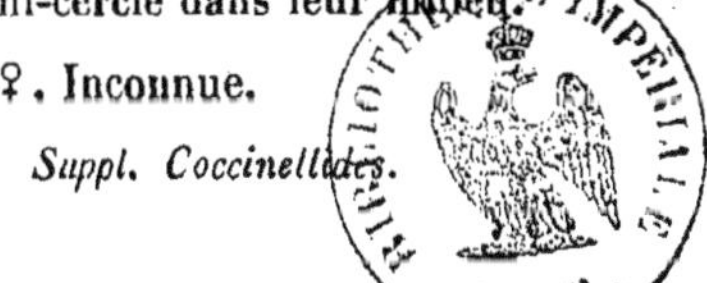

Long. 0,0036 (1 2/3 l.). Larg. 0,0028 (1 1/4 l.).

Corps brièvement et obtusément ovale. *Antennes* et *palpes* d'un jaune orangé. *Prothorax* tronqué au devant de l'écusson et sensiblement sinué de chaque côté de cette troncature, à la base. *Elytres* noires, ornées de quatre ou de cinq taches d'un jaune orangé : les première et deuxième, presque liées à la base: l'interne, subarrondie, un peu plus large que longue, voisine de l'écusson, à peine prolongée jusqu'au cinquième de la longueur : l'externe, humérale, étroite, obtriangulaire, un peu plus longuement prolongée: les troisième et quatrième, réunies en forme de bande, n'atteignant ni la suture, ni le bord externe, constituant avec leurs pareilles une bande en arc dirigé en arrière: l'interne, ovalaire, à peine moins avancée que la quatrième, près d'une fois plus prolongée en arrière: l'externe, un peu obliquement dirigée de dehors en dedans, d'avant en arrière, mais probablement déformée par son extension: la cinquième, en parallélipipède un peu obliquement transverse, une fois plus large que longue. *Dessous du corps* noir sur les médi et postpectus, d'un roux bronzé sur le ventre, avec la partie antéro-médiaire de celui-ci nébuleuse. *Pieds* d'un roux orangé.

Patrie : le Brésil, (collect. Chevrolat).

Obs. La bande des élytres est visiblement formée de deux taches liées ensemble : cette supposition, indiquée par le dessin, est appuyée par le raccourcissement de cette bande à ses deux extrémités. Dans ce cas, cette espèce se rapprocherait des *Cleothera Levrati* et *tropicalis*. Elle s'éloigne de celle-là, par son prothorax n'offrant pas la partie antérieure de la tache marginale aussi avancée en dedans et moins en parallélipipède transversal; elle se distingue de la *tropicalis* par sa première tache orbiculaire et non carrée, par la troisième plus postérieurement prolongée, par la cinquième, non échancrée.

Enfin, il ne serait pas impossible que chez la ♀ de cette *C. trivialis*, la tache humérale fît défaut et que le nombre des taches des élytres fût réduit à quatre.

Cette espèce, si c'en est une distincte, réclame de nouvelles observations.

Page 652.

Hyperaspis flavo-guttata, ligne 25, ajoutez à la fin des Obs. sur les *variations des élytres :*

Quelquefois cette bordure se lie postérieurement à la tache subapicale.

Page 661.

Hyperaspis rufo marginata, ligne 22, au lieu de : *bordure d'un roux jaune.*

Lisez : *bordure marginale d'un roux jaune.*

Page 667.

12B. **Hyperaspis Ecoffeti.** *Obtusément ovale. Prothorax noir, paré de chaque côté d'une bordure d'un jaune rougeâtre, couvrant près du quart de la base, rétrécie dans son milieu. Élytres jaunes, ornées d'une bordure suturale naissant à l'extrémité de l'écusson, égale vers le cinquième de la longueur au quart de la largeur, graduellement et faiblement rétrécie, tronquée à son extrémité aux neuf dixièmes des étuis, et chacune d'un rebord externe et de deux taches, noirs : la première, orbiculaire, échancrée postérieurement, couvrant du douzième, aux deux cinquièmes : la deuxième, presque orbiculaire, couvrant de la moitié aux quatre cinquièmes de la longueur des étuis.*

Long. 0,0036 (1 2/3 l.). Larg. 0,0023 (1 1/4 l.).

État normal. *Prothorax* noir, paré de chaque côté d'une bordure d'un jaune rougeâtre ou d'un jaune testacé, peu nettement limitée, égale en devant à un peu plus de l'espace compris entre l'angle antérieur et la sinuosité postoculaire, un peu rétrécie dans son milieu, couvrant postérieurement près du quart externe de la base ; très-étroitement de la même couleur en devant, au moins chez le ♂. *Élytres* jaunes, ornées d'une bordure suturale, et chacune d'un rebord externe et de deux taches, noirs : la bordure suturale, naissant à l'extrémité de l'écusson, arrondie en devant, égale vers le cinquième ou un peu plus de la longueur au quart environ de la largeur, graduellement et assez faiblement rétrécie d'avant en arrière, prolongée environ jusqu'aux neuf dixièmes de la longueur des étuis, où elle égale les deux septièmes de la largeur, tronquée à son extrémité; la bordure externe, ne couvrant que le rebord : la première tache, orbiculaire, échancrée postérieurement, couvrant le calus, depuis le douzième jusqu'aux deux cinquièmes ou environ de la longueur et plus de la moitié de la largeur, à égale distance de la bordure suturale et du rebord externe : la deuxième tache, presque orbiculaire, située après la première, un peu moins large que celle-ci, séparée de la suture et du rebord externe par un espace à peu près aussi étroit que la première, couvrant de la moitié aux quatre cinquièmes environ de la longueur.

Long 0,0036 (1 2/3 l.). Larg. 0, 0028 (1 1/4 l.).

Corps obtusément ovale; médiocrement convexe; pointillé; luisant. *Tête* jaune(♂). *Palpes* et *antennes* d'un jaune rouge. *Prothorax* rayé d'une ligne au devant du bord postérieur, tronqué au devant de l'écusson, déclive postérieurement à cette troncature. *Ecusson* en triangle presque équilatéral; noir. *Elytres* obtuses postérieurement : repli, d'un rouge testacé. *Dessous du corps* noir sur les parties pectorales. *Pieds* d'un rouge jaune ou d'un rouge testacé.

Patrie : le Brésil, (collect. Deyrolle).

J'ai dédié cette espèce à M. Ecoffet, directeur des contributions indirectes à Nîmes, à qui la science doit la découverte de plusieurs Coléoptères nouveaux.

Page 669.

14[B]. **Hyperaspis quadrina**. *Obtusément ovale. Prothorax noir, paré de chaque côté d'une bordure d'un flave blanchâtre. Elytres d'un blanc flave, ornées d'une bordure suturale raccourcie, et chacune de deux grosses taches presque carrées, noires.*

ÉTAT NORMAL. *Prothorax* noir, paré de chaque côté d'une bordure d'un flave blanchâtre ou d'un blanc flave, couvrant le bord antérieur jusqu'à la sinuosité postoculaire ou même au delà, le tiers externe environ de la moitié de la base, rétrécie un peu après le milieu, par une dilatation anguleuse de la partie noire. *Elytres* d'un blanc flavescent, à rebord extérieur obscur, ornées d'une bordure suturale raccourcie et chacune de deux grosses taches presque carrées, noires : la bordure, nulle ou réduite au rebord jusqu'au sixième ou presque au cinquième de la longueur des élytres, brusquement égale au cinquième de la largeur de chaque étui, prolongée sur une largeur pareille jusqu'aux sept huitièmes environ de la suture : la première tache, couvrant le calus, prolongée du douzième au tiers environ de la longueur, et des deux cinquièmes aux sept huitièmes à peu près de la largeur, un peu plus rapprochée de la bordure suturale que de la base et du bord externe : la deuxième tache, à peine moins grosse, située sur la même ligne longitudinale, de la moitié environ aux quatre cinquièmes de la longueur.

Long 0,0033 (1/2 l.). Larg. 0,0026 (1 1/5 l.).

Corps obtusément ovale; médiocrement convexe; à peine moins finement ponctué sur les élytres que sur le prothorax; luisant, en dessus. *Tête, antennes* et *palpes* d'un blanc flavescent. *Prothorax* légèrement rebordé ou rayé d'une ligne légère à son bord postérieur, ordinairement tronqué et déclive au devant de l'écusson postérieurement à cette ligne. *Ecusson* noir. *Elytres* obtusément et obliquement tronquées à l'extrémité. *Dessous du corps* noir, avec les côtés du ventre d'un flave orangé. *Pieds* de même couleur, avec la base des cuisses plus foncée que l'extrémité.

PATRIE : Sainte Catherine (Brésil), (collect. Deyrolle).

Page 673. **H. sex-pustulata**, ligne 13, au lieu de ♂, inconnu. Mettez :

♂ Tête d'un jaune pâle, avec le bord postérieur noir. Prothorax paré en devant d'une bordure jaune assez étroite. Cuisses et jambes antérieures flaves, avec l'arête obscure.

Patrie : la Mongolie, (collect. de M. le comte de Mannerheim).

Obs. La Géorgie paraît n'être pas sa patrie.

L'exemplaire que j'ai eu sous les yeux présente avec celui que j'ai décrit quelques faibles différences que la phrase suivante fera suffisamment connaître :

Prothorax noir, paré de chaque côté d'une bordure jaune, étendue en devant jusqu'à la sinuosité postoculaire, de largeur égale. Elytres noires, ornées chacune de trois taches d'un jaune pâle : la première, ponctiforme, couvrant un peu plus du quart médiaire de la largeur, depuis le septième jusques à un peu moins du tiers de la longueur : la deuxième, semi-orbiculaire, liée au bord marginal des trois dixièmes à la moitié : la troisième, en ovoïde transverse, plus étroite du côté externe, couvrant environ les deux tiers médiaires de la largeur, depuis les deux tiers ou un peu plus jusqu'aux cinq sixièmes de la longueur.

Page 674.

18[B] **Hyperaspis Guillardi.** *Obtusément ovale ; d'un noir brillant, en dessus. Prothorax paré de chaque côté d'une bordure d'un jaune pâle, étendue en devant à peu près jusqu'à la sinuosité postoculaire, subparallèlement prolongée jusqu'à la base ou presque jusqu'à celle-ci, dont elle couvre le septième externe. Elytres ornées chacune de trois gouttes d'un jaune pâle ; la première, du sixième au tiers de la longueur, brièvement ovale ou suborbiculaire, couvrant le quart médiaire de la largeur : la deuxième, semi-orbiculaire, liée au rebord externe, couvrant le quart médiaire de l'espace compris entre l'angle huméral et la courbure postéro-externe : la troisième, ponctiforme, couvrant du quart aux trois cinquièmes de la largeur, près du bord postérieur, dont elle est aussi éloignée que de la suture.*

Long. 0,0020 (1 1/3 l.). Larg. 0,0022 (1 l.).

Je n'ai vu que la ♀. Elle a la tête noire ; le dessous du corps et les cuisses bruns ou noirs : le bord postérieur des arceaux du ventre et les jambes d'un flave testacé.

Patrie : la Daourie, (collect. Motschoulsky).

Je l'ai dédiée à M. Louis Guillard, membre de l'Académie de Lyon, l'un de nos chefs d'institution les plus distingués, et entomologiste instruit.

Page 677. — Ajoutez à la synonymie de l'*Hyperaspis* 4-*oculata*, après la ligne 6 :

Exochomus quadrioculatus (Eschscholtz) Motschoulsky Observ. etc., in Bullet. de la Soc. imp. des nat. de Mosc. (1845) n° 4 p. 383, 79 (♀).

Page 679.

24[B]. **Hyperaspis inaudax** *Obtusément ovale ; d'un noir luisant, en dessus. Prothorax paré de chaque côté d'une bordure d'un jaune rouge, étendue en devant jusqu'à la sinuosité postoculaire, un peu arquée à son côté interne, couvrant le sixième externe de la base. Elytres ornées chacune de deux taches d'un jaune rouge : la première, petite, ponctiforme, au tiers de la longueur, et du tiers aux quatre septièmes de la largeur : la deuxième, en ovale transversal, du tiers interne presque jusqu'à la sinuosité postoculaire.*

Hyperaspis inaudax, V. de Motschoulsky, *in* collect.

♀. Tête noire. Jambes d'un jaune rougeâtre, avec l'arête noirâtre.

Long 0,0036 (1 2/3 l.). Larg. 0,0025 (1 1/8 l.).

Patrie le Caucase, (collect. Motschoulsky).

Page 681. — Ligne première, rectifiez de la manière suivante la synonymie de l'*Hyperaspis vittifera* :

Coccinella vittata, GEBLER, Characteristik etc., in Bullet. de l'acad. imp. de sciences de Saint-Petersb. t. 3. n° 7 p. 106. 34. Suivant M. de Motschoulsky.

OBS. Le nom de *vittifera* doit néanmoins rester dans la science, Fabricius ayant plus antérieurement appliqué l'épithète de *vittata* à une autre *Coccinella*.

Page 684. — **Hyperaspis inedita.**

La collection de M. Deyrolle m'a offert un exemplaire qui semblerait devoir constituer une espèce particulière (*H. mendica*), distincte de celle que j'ai décrite sous le nom d'*inedita*, mais qui me paraît, malgré les différences que je vais signaler, n'être qu'une variété de celle-ci.

♂ *Tête* flave. *Prothorax* noir, paré de chaque côté d'une bordure flave, étendue en devant jusqu'à la sinuosité postoculaire, anguleusement un peu dilatée vers le milieu de sa longueur, puis rétrécie à partir de ce point, jusqu'à l'angle postérieur qu'elle atteint à peine. *Élytres* noires, ornées d'une tache rouge, située à la même place que celle de l'*inedita*, mais orbiculaire, au lieu d'être oblique, et à peine moins rapprochée du bord externe.

PATRIE : Hong-Kong, (collect. Deyrolle).

Cet exemplaire serait vraisemblablement le ♂ de l'*inedita* qui m'était inconnu.

Page 692.

41[B] **Hyperaspis pseudopustulata.** *Obtusément ovale, d'un noir luisant, en dessus. Prothorax paré de chaque côté d'une bordure d'un jaune rouge, étendue en devant jusqu'à la sinuosité postoculaire, subparallèlement prolongée jusqu'à la base dont elle couvre le huitième de la largeur. Elytres ornées chacune d'une tache jaune, subarrondie, étendue des deux cinquièmes internes presque jusqu'à l'angle postéro-externe, un peu plus rapprochée du bord postérieur que de la suture.*

Hyperaspis pseudo-pustulata, V. DE MOTSCHOULSKY, in collect.

♀ Tête noire. Dessous du corps et cuisses noires. Jambes et tarses d'un flave testacé.

Long. 0,0030 (1 2/3 l.).

Patrie : la Russie méridionale orientale, (collect. Motschoulsky).

Obs. Elle doit être placée avant l'*H. guttata* dont elle se rapproche beaucoup.

Page 696. — Ajoutez au tableau synoptique, à la deuxième accolade, le mot :

Antennes

avant ceux de :

insérées vers la partie antéro-interne, etc.

Page 699. — Après la ligne 13, ajoutez aux variations de la *Chnootriba similis* :

Première tache dilatée à son angle postéro-externe et unie à la tache scutellaire par son angle interne: deuxième et troisième taches, unies en forme de bande liée au prolongement de l'angle postéro-externe de la première, et unie à la cinquième : quatrième tache, joignant la suture (♂).

Patrie : Abyssinie (Saucerotte).

Page 708. — Ligne 33, c'est-à-dire celle qui précède l'avant dernière, au lieu de : bande suturale, lisez : bordure suturale.

Page 709. — Ligne 12, au lieu de bordure antérieure, lisez : bordure extérieure.

Page 710.

6^B^. **Epilachna nigrofasciata**. *Ovalaire ; pubescente. Elytres* *subcordiformes; d'un roux ou flave testacé, ornées chacune d'une bordure extérieure couvrant la tranche et un peu plus développée postérieurement, d'une bordure suturale presque nulle après la moitié, et de trois bandes, noires: la première, naissant de l'épaule où elle couvre le cinquième externe de la longueur, un peu obliquement prolongée vers la suture: la deuxième, plus étroite, un peu arcuément transversale, vers le milieu: la troisième, vers les trois quarts, renflée et raccourcie au côté interne.*

Epilachna nigrofasciata, Perroud, in collect.

État normal. *Prothorax* noir ou d'un noir verdâtre. *Elytres* d'un roux testacé ou d'un roux orangé, ornées d'une bordure suturale presque nulle après les deux tiers, d'une bordure externe, et de trois bandes, noires ou d'un noir verdâtre: la bordure suturale, à peine plus large en devant que la base de l'écusson, confondue à l'extrémité de celui-ci avec la bande antérieure, étroite entre les deux premières bandes, presque nulle ou réduite au rebord après les deux tiers: la bordure externe, couvrant la tranche et un peu plus développée vers l'angle sutural où elle égale un dixième ou un douzième de la suture: la première bande, naissant de l'épaule où elle se confond avec la bordure externe, couvrant la partie externe, de la base jusqu'à l'angle postérieur du prothorax et le bord latéral jusqu'au cinquième ou un peu plus de la longueur, obliquement prolongée jusqu'à la suture qu'elle couvre depuis l'extrémité de l'écusson jusqu'au tiers environ de la longueur, où elle forme avec sa pareille un angle dirigé en arrière, laissant entre elle et la base un espace aréolaire en ovale transversal prolongé depuis l'écusson presque jusqu'au calus: la deuxième bande, liée à la bordure externe vers le milieu de la longueur, triangulairement élargie à son côté extérieur, transversalement prolongée jusqu'à la suture, en ligne à peine courbe, subgraduellement plus étroite et un peu plus postérieure à son côté interne: la troisième bande, naissant de la bordure externe, vers les trois quarts ou un peu plus de la longueur, transversalement prolongée, en se renflant graduellement, jusqu'au cinquième interne de la largeur.

Long. 0,0112 (5 l.) Larg. 0,0084 (3 3/4 l.).

Corps ovalaire; pointillé; peu densement garni d'un duvet cendré. *Tête* noire: bord antérieur du labre et de l'épistome, d'un roux flave ou testacé. *Antennes* et *palpes* noirs: les premières, avec les deuxième à huitième articles d'un testacé roux livide, au moins d'un côté: les seconds, avec une partie de quelques-uns de leurs articles d'un roux testacé. *Prothorax* en angle dirigé en arrière, tronqué ou émoussé au devant de l'écusson, et assez faiblement sinueux près des angles postérieurs, à la base; très-émoussé aux angles de devant, subarrondi aux postérieurs; élargi en arc déprimé sur les côtés; médiocrement convexe; moins déclive sur les côtés du disque et latéralement relevé en large gouttière; noir. *Ecusson* en triangle plus long que large; noir. *Elytres* arrondies aux épaules, offrant vers le quart ou le tiers leur plus grande largeur, rétrécies ensuite jusqu'aux deux tiers, et plus sensiblement de là à l'extrémité qui est en ogive; offrant à partir du tiers ou de la moitié externe de la base une gouttière offrant un rebord subhorizontal égal vers le tiers au dixième ou au douzième de la largeur de l'élytre, rétréci ensuite et nul ou à peu près vers l'angle sutural: repli d'un roux testacé bordé extérieurement de noir. *Dessous du corps* et *pieds* noirs.

Patrie: la Colombie, (collect. Perroud).

Obs. Elle a beaucoup d'analogie avec l'*E. cruciata* dont elle diffère par sa bande antérieure prolongée jusqu'à la suture; par sa bande médiaire longitudinalement moins développée, moins droite transversalement et aboutissant à la suture un peu plus postérieurement; par l'existence d'une troisième bande; par la bordure externe beaucoup moins développée à l'angle sutural et ne constituant pas une tache apicale: la troisième bande ne peut pas être regardée comme un démembrement de cette tache, qui serait alors beaucoup plus développée que chez l'*E. cruciata*.

Page 712.

7[B] **Epilachna indiscreta.** *Ovalaire; pubescente. Prothorax d'un* *rouge testacé, orné de trois bandes longitudinales noires. Elytres subcordiformes ; à rebord latéral en gouttière ; noires, ornées chacune de deux taches d'un rouge testacé : la première, basilaire, enclose entre le calus et l'écusson, presque semi-orbiculaire, bidentée postérieurement : la deuxième, oblique, liée à la gouttière vers le quart de la longueur, à peine étendue au delà des deux septièmes externes.*

Long. 0,0082 (3 3/5 l.). Larg. 0,0067 (3 l.), vers les épaules.

Corps ovalaire; pubescent. *Tête*, *antennes* et *palpes*, d'un rouge testacé. *Prothorax* en angle très-ouvert dirigé en arrière, à la base ; sensiblement relevé sur les côtés ; d'un rouge testacé, orné de trois bandes longitudinales noires : la médiaire, couvrant les deux septièmes médiaires de la largeur: chacune des latérales moins large, non avancée jusqu'au bord antérieur et laissant le rebord latéral et moins distinctement la base, de couleur foncière. *Elytres* subcordiformes ; relevées en gouttière, naissant vers la moitié externe de la base, plus profonde un peu après les épaules, graduellement affaiblie postérieurement; noires, ornées chacune de deux taches d'un rouge testacé : la première, couvrant la base, depuis le calus huméral jusqu'à l'écusson, faiblement plus prolongée en arrière que le bord postérieur du calus, bidentée : la deuxième, presque ovalaire, ou plutôt en parallélogramme à angles inégaux, naissant près de la gouttière vers le quart de la longueur, dirigée en arrière d'une manière transversalement oblique, jusqu'aux deux septièmes externes de la largeur environ; offrant en outre la suture, surtout vers son extrémité et le bord postérieur moins étroitement, rougeâtres ou d'un rouge testacé. *Repli* noirâtre, avec la moitié interne d'un fauve testacé. *Dessous du corps* testacé sur l'antépectus, noir sur le reste, avec les épimères des médi et postpectus, une tache près du bord latéral de chaque arceau et l'extrémité, d'un rouge testacé. *Pieds* de cette dernière couleur.

Patrie : la Colombie, découverte par M. Goudot, (collection Deyrolle).

Obs Peut-être n'est-elle qu'une variété par excès d'une espèce que je ne connais pas ; mais elle semble néanmoins distincte de toutes les autres espèces ayant comme elle les élytres subcordiformes, par son prothorax d'un rouge testacé à trois bandes noires.

Page 713.

8^B. **Epilachna pandora**. *Ovalaire ; pubescente. Prothorax noir sur le quart médiaire de la largeur, jaune latéralement. Elytres noires, ornées chacune de trois grosses taches : les deux premières, formant avec leurs semblables une rangée transversale faiblement arquée en arrière : l'interne, d'un rouge testacé, constituant avec sa pareille une tache commune, échancrée au milieu de son bord antérieur : l'externe, liée au bord marginal, ovale, jaune : la troisième tache, d'un rouge testacé, en arc transversal obliquement dirigé en arrière, des trois cinquièmes de la suture aux cinq septièmes environ du bord externe.*

ETAT NORMAL. *Prothorax* longitudinalement noir, sur le quart médiaire de sa largeur ; d'un jaune en partie tirant sur l'orangé, sur les côtés. *Elytres* noires, ornées chacune de trois grosses taches : les deux premières, formant avec leurs pareilles une rangée transversale un peu arquée en arrière : l'interne, d'un rouge testacé, couvrant environ du sixième aux deux cinquièmes de la longueur, et la moitié interne de la largeur de chaque étui, subarrondie, étendue sur les deux tiers postérieurs de son côté interne jusqu'à la suture, où elle forme avec sa semblable une tache commune assez profondément échancrée dans son milieu : l'externe, jaune ou d'un jaune en partie tirant sur l'orangé, séparée de la précédente par un espace à peu près égal au huitième de la largeur, ovale ou suborbiculaire, couvrant le bord externe depuis le septième presque jusqu'aux deux cinquièmes de la longueur : la troisième, d'un rouge testacé, en arc transversal obliquement dirigé en arrière, d'une part presque liée à la suture à son côté interne, des trois cinquièmes aux trois quarts environ de celle-ci, unie d'autre part au bord externe, vers les trois quarts ou un peu plus de la longueur, offrant vers les deux septièmes internes de la largeur de chaque élytre son plus grand développement longitudinal, couvrant environ dans ce poin des quatre septièmes aux quatre cinquièmes à peu près de la longueur, graduellement rétrécie ensuite jusqu'au bord externe, où elle ne couvre guère qu'un huitième de la longueur.

Long. 0,0078 à 0,0090 (3 1/2 à 4 l.). Larg. 0,0067 à 0,0074 (3 à 3 1/3 l.).

Corps en ovale irrégulier; convexe; pointillé sur le prothorax, peu densement ponctué sur les élytres; garni d'un duvet cendré sur les élytres et sur le milieu du prothorax, et d'un duvet jaune sur les côtés de celui-ci. *Tête* d'un rouge testacé. *Antennes* d'un rouge testacé, à massue noire. *Prothorax* en angle très-ouvert et à peine bissinueux à la base, élargi en ligne courbe depuis l'angle antérieur, jusqu'à la moitié de ses côtés, subparallèle ou légèrement rétréci ensuite; moins déclive, mais non relevé sur les côtés; à angles postérieurs peu ou point émoussés. *Elytres* des trois quarts au moins plus larges en devant que le prothorax à sa partie postérieure; irrégulièrement subcordiformes, arrondies aux épaules, rétrécies ensuite jusqu'aux trois cinquièmes, et plus sensiblement delà à l'extrémité qui est généralement en ogive. *Repli* d'un jaune flave sur les parties correspondant aux taches, et sur la majeure partie correspondant à l'épaule, noir sur le reste. *Dessous du corps* et *pieds*, noirs: côtés du ventre d'un roux orangé: la partie noire médiaire du ventre ne se prolongeant pas parfois au delà du deuxième arceau. *Plaques abdominales* en demi-cercle, prolongées à peine au delà de la moitié de l'arceau.

PATRIE: Nouvelle-Hollande, (collect. Chevrolat, Deyrolle).

Page 717.

11B. **Epilachna tricincta** MONTROUSIER. *Ovalaire; pubescente. Prothorax d'un rouge testacé au moins sur son tiers médiaire, jaune pâle sur les côtés. Elytres irrégulièrement subcordiformes; ornées chacune d'une bande basilaire, d'une médiaire et d'une tache apicale, noires: la bande basilaire, entaillée entre la suture et la moitié de son bord postérieur, couvrant environ le cinquième de la longueur: la bande mé-*

diaire, avancée anguleusement vers les trois cinquièmes de son bord antérieur, en angle rentrant vers les deux cinquièmes de son bord postérieur : la tache, en carré long : le reste de la surface d'un roux testacé sur les deux tiers internes, d'un jaune pâle extérieurement.

Coccinella tricincta, Montrousier, Faune de Woodlark, n° 161.

Etat normal. *Prothorax* d'un rouge testacé sur son tiers ou sur ses trois cinquièmes médiaires, graduellement plus clair en devant et d'un jaune pâle sur les côtés. *Elytres* ornées d'une bande transversale basilaire, d'une seconde vers le milieu, d'une tache à l'extrémité, noires, et de deux bandes d'un roux fauve sur les deux tiers internes, d'un jaune flave sur le tiers externe : la bande basilaire, couvrant jusque un peu au delà de la partie postérieure du calus, rétrécie entre celui-ci et le bord externe, entaillée à son bord postérieur entre les trois cinquièmes de la largeur et la suture, prolongée près de celle-ci, sur chaque élytre, en forme de dent obtuse jusqu'au cinquième environ de la longueur : la deuxième bande, noire couvrant au bord externe depuis les deux cinquièmes jusqu'à un peu plus des trois cinquièmes, et à la suture depuis la moitié jusqu'aux trois cinquièmes environ, entaillée ou en angle rentrant vers les deux cinquièmes internes de son bord postérieur, avancée en forme de dent vers les trois cinquièmes ou deux tiers de la largeur, à son bord antérieur : la tache apicale, en carré long, joignant la suture : l'espace compris entre la bande noire basilaire et la bande noire médiaire, constituant une bande transversale formant avec sa semblable une sorte d'arc dirigé en arrière, d'un roux fauve sur la moitié ou les trois cinquièmes internes, d'un jaune pâle sur le tiers externe : cette partie constituant une tache ovalaire assez tranchée : l'espace compris entre la bande noire médiaire et la tache apicale constituant, sur chaque élytre, une bande transversale anguleuse en devant, en angle rentrant en arrière, d'un roux testacé vers la suture, graduellement jaune sur le tiers externe.

Variations du Prothorax et des Elytres.

Obs. Les côtés du prothorax sont plus ou moins largement jaunes.

La bande noire médiaire des élytres paraît souvent comme divisée vers le milieu ou un peu moins de la largeur et formée de deux taches : l'interne en triangle obliquement transverse. Ces bandes varient un peu dans leur développement.

Long. 0,0078 (3 1/2 l.). Larg. 0,0059 (2 2/3 l.).

Corps ovalaire; convexe; pointillé sur le prothorax, ponctué sur les élytres; garni d'un duvet cendré, en dessus. *Tête*, *antennes* et *palpes*, d'un roux testacé. *Prothorax* en angle très-ouvert et tronqué au devant de l'écusson, à la base; arrondi sur la moitié antérieure de ses côtés, faiblement rétréci ensuite; moins déclive, mais non relevé sur les côtés; à angles postérieurs émoussés. *Elytres* irrégulièrement subcordiformes, arrondies aux épaules, offrant vers le quart leur plus grande largeur, rétrécies en ligne droite jusqu'aux deux tiers, en ogive postérieurement. Repli d'un flave testacé, marqué d'une tache noire, des deux aux trois cinquièmes. *Dessous du corps* et *pieds* d'un roux fauve testacé, plus obscur ou moins clair sur les médi et postpectus. *Plaques abdominales* en demi-cercle, prolongées à peine au delà de la moitié de l'arceau.

Patrie : l'île de Woodlarck, (collect. RR. PP. Maristes.)

Page 723.

J'avais signalé à la fin de l'*Épilachna Bomplandi* une variété singulière, ayant les élytres rétrécies à partir du tiers de la longueur et terminées en pointes, disposition qui donne à l'insecte un faciès particulier. J'ai eu, depuis ce temps, l'occasion de revoir plusieurs autres individus semblables, ce qui semblerait indiquer une espèce particulière, à laquelle je donne le nom d'*Epilachna acuminata*.

Page 742. — **Epilachna 14-signata**. Ajoutez à la fin de la description.

Obs. Quand la matière colorante noire n'a pas été produite en assez grande quantité, les élytres sont d'un rouge brunâtre ou d'un rouge testacé brunâtre, ornées, dans leur périphérie, d'une bordure noire, et les taches sont d'un flave testacé ou d'un flave rougeâtre, parfois assez faiblement distinctes.

Obs. *L'Epilachna argiola* que j'ai décrite comme ayant le dessus du corps d'un rouge testacé ou d'un rouge brunâtre, doit, probablement, dans l'état normal, avoir le dessus du corps noir.

Page 748.

Epilachna Delessertii. Après la ligne 20, ajoutez :

Var. A. Les deux aréoles antérieures de chaque élytre sont parfois réduites à une seule, par la disposition de la bande noire longitudinale qui les séparait.

Page 750.

38. **Epilachna Parryi**. Premier mot de la septième ligne de la phrase diagnostique, au lieu de : *deuxième bande* , lisez : *première bande*.

Avant dernière ligne, au lieu de : un peu après la cinquième, lisez : un peu après le cinquième de la longueur.

Page 751. — Ligne 6, au lieu de : deuxième bande transversale, lisez : première bande transversale.

Page 752. — **Epilachna nigritarsis**. Ajoutez après la description :

Obs. Peut-être cette espèce doit-elle être réunie à l'*E. lupina*. Diverses variétés que j'ai eues sous les yeux, me portent à le croire. Le prothorax offre parfois, au devant de l'écusson, de chaque côté de la ligne médiane, un trait noir ou obscur, formant avec son pareil une sorte de V très-ouvert. Le réseau des élytres est plus ou moins complet ; ainsi, la bordure suturale se prolonge plus ou moins, quoique ordinairement nulle, ou presque nulle vers le milieu de la deuxième aréole juxta-suturale : les troisième et quatrième bandes transversales, tantôt très-visiblement réunies en demi-cercle près de la suture, ne se lient pas entre elles chez d'autres individus : la quatrième bande, dans le premier cas, atteint ordinairement le bord marginal; dans le second, elle en reste plus ou moins distante. Enfin chez les individus offrant le réseau plus complet et plus foncé, le dessous du corps et les pieds sont eux-mêmes presque entièrement bruns ou noirâtres. Les plaques abdominales sont en ogive tronquée, prolongées jusqu'aux trois quarts de l'arceau.

Dans tous les cas, rectifiez la description des *E. nigritarsis* et *lupina*, comme celle de l'*E. Parryi*, c'est-à-dire, au lieu de faire partir la bande longitudinale externe des élytres de la deuxième bande transversale, faites-la partir de la première.

Page 753. — **Epilachna Dregei**. Rectifiez de la manière suivante la phrase diagnostique :

Ovalaire ; pubescente. Prothorax d'un roux testacé ou d'un roux jaunâtre, parfois sans taches, d'autres fois marqué de chaque côté de la ligne médiane de quatre points noirs disposés en croix. Elytres blondes ou d'un blond cendré, ornées d'un réseau noir, formé : 1° d'une bordure suturale, étroite, prolongée jusqu'aux quatre cinquièmes : 2° d'un rebord externe : 3° de quatre bandes transversales : 4° de deux bandes longitudinales, prolongées : l'interne, depuis la base jusqu'au tiers interne de la deuxième bande transversale : l'externe, depuis le tiers externe de la première bande, jusqu'au milieu de la quatrième : 5° d'un trait basilaire, passant sur le calus et prolongé presque jusqu'à la première bande transversale : ce réseau, divisant la surface de chacune en onze aréoles: 3 (les deux externes ordinairement incomplètement closes): 3, 2, 2, 1.

Ajoutez à la fin de la page :

Obs. Cette espèce offre non-seulement sur le prothorax les variations indiquées dans la phrase diagnostique ; mais le dessous du corps et les pieds sont parfois presque entièrement bruns ou noirâtres.

Malgré son analogie avec l'*E. lupina*, elle se distingue de celle-ci, outre les caractères indiqués, par la forme de ses plaques abdominales, régulièrement arrondies postérieurement, au lieu d'être en ogive ou presque en forme de V obtus ou tronqué ; elles sont prolongées jusqu'aux cinq sixièmes de l'arceau.

Page 754. — **Epilachna canina**, septième ligne de la phrase diagnostique, au lieu de : *deuxième bande*, lisez : *première bande*.

Page 763. — **Epilachna consputa**, troisième ligne de la phrase diagnostique, au lieu de : *première*, *cinquième* et *septième*, lisez : *première* et *cinquième*.

Page 764. — **Epilachna signatipennis**, ligne antépénultième, au lieu de : chacune de deux taches, lisez : chacune de quatre taches.

Page 767. — Ajoutez après la ligne 7.

E^{2}. Elytres arrondies aux épaules, ornées d'une bordure externe et chacune de sept taches en partie subtriangulaires ou peu arrondies, noires.

50^{B}. **Epilachna bis-septem-notata**. *Ovalaire : d'un rouge testacé fauve, en dessus. Prothorax sans tache. Elytres ornées d'une bordure externe étroite, et chacune de sept taches subarrondies, noires : les première, troisième, cinquième et septième, voisines de la suture : la première, après l'écusson : la deuxième, sur le calus : les troisième et quatrième, voisines, en rangée transversale vers les trois septièmes : les cinquième et sixième, en rangée semblable vers les deux tiers ou un peu avant : la sixième, voisine du bord externe : la septième, vers l'angle sutural.*

Etat normal. *Prothorax* et *élytres* d'un rouge testacé fauve : le premier, sans taches: les secondes, ornées d'une bordure externe, et chacune de sept taches subarrondies, noires : la bordure, couvrant la gouttière dans la première moitié et réduite comme elle au rebord dans la seconde : la première tache, presque carrée, située très-près de la suture, un peu au dessous de l'écusson, séparée de la base par un espace égal à son diamètre, égal environ au cinquième ou un peu plus de la largeur : la deuxième, couvrant le calus et ordinairement avancée jusqu'à la base : les deuxième et troisième, formant avec leurs semblables une rangée transversale, vers les trois cinquièmes de la longueur : la troisième, subarrondie ou obtriangulaire, en ligne droite au côté interne, aussi voisine de la suture que la première, un peu plus grosse que celle-ci : la quatrième, plus rapprochée de la troisième que celle-ci l'est de la suture, à peu près de même grosseur, ovalaire, dépassant faiblement à son côté externe la moitié interne de la largeur de l'élytre : les cinquième et sixième, formant avec leurs pareilles une rangée transversale, vers les deux tiers ou un peu moins de la longueur : la cinquième, aussi voisine de la suture qué les première et troisième, subarrondie, égale au moins au tiers de la largeur dans ce point : la sixième, presque en parallélipipède transversal et un peu oblique, voisine du bord externe, séparée de la cinquième par un sixième de la largeur : la septième, obtriangulaire, presque aussi voisine de la suture que les première, troisième et cinquième, un peu moins voisine de l'angle apical et du bord externe.

Long. 0,0078 (3 1/2 l.). Larg. 0,0056 (2 1/2 l.).

Corps ovalaire ; médiocrement convexe; d'un rouge testacé fauve, en dessus. *Tête* de même couleur : extrémité des antennes et des palpes, noire. *Prothorax* en arc dirigé en arrière, obtus ou tronqué au devant de l'écusson et sinué près de chaque angle postérieur, à la base; sensiblement relevé sur les côtés. *Ecusson* fauve. *Elytres* arrondies à la base à partir des angles du prothorax; plus larges vers le cinquième de leur longueur, rétrécies ensuite et plus fortement dans le dernier tiers, en ogive à celui-ci; munies d'une gouttière peu large vers le cinquième de la longueur, rétrécie de là à la moitié et réduite ensuite au rebord : repli fauve, bordé de noir extérieurement. *Dessous du corps* et *pieds* noirs : les antérieurs, d'un rouge testacé à la base.

Patrie : les plateaux élevés de l'Abyssinie, (collect. Saucerotte).

Page 769. — Au lieu de : 52. **E. Enneasticta**, lisez : **E. Endecasticta**.

Obs. Cette espèce, suivant M. le docteur Rosenhauer, serait l'*Epilachna affinis* du catalogue de Sturm.

Page 771.

52B. **Epilachna stulta** *Ovalaire ; pubescente ; d'un rouge brunâtre, en dessus. Prothorax ordinairement marqué d'une tache noire sur la ligne médiane. Elytres arrondies à la base à partir du côté interne du calus, subsinuées un peu avant le milieu des côtés ; ornées chacune de six taches ponctiformes, noires : les première et cinquième, isolées de la suture : la première, postérieure à l'écusson ; les cinquième et troisième, en ligne droite avec l'angle postérieur du prothorax.*

Etat normal. *Prothorax* d'un rouge testacé, plus pâle sur les côtés ; marqué d'une tache noire ou noirâtre, du tiers aux quatre cinquièmes de la ligne médiane. *Elytres* d'un rouge plus prononcé que le prothorax ; ornées chacune de six taches ponctiformes noires : la première, ordinairement un peu oblique, située après l'écusson et isolée de la suture du tiers au moins de son diamètre : la deuxième, sur le calus : la troisième, transverse, élargie de dedans en dehors, presque en triangle transverse, étendue du cinquième environ à la moitié de la largeur : la quatrième, plus postérieure de la moitié environ de son diamètre longitudinal, commençant aux deux tiers ou un peu plus de la largeur, tantôt arrivant à peine à la gouttière, tantôt prolongée jusqu'au bord externe : la quatrième, subarrondie ou à peine en ovale transverse, située vers les quatre cinquièmes de la longueur, couvrant depuis la moitié jusqu'aux quatre cinquièmes de la largeur.

Obs. La tache noire du prothorax disparaît parfois.

Long. 0,0078 à 0,0087 (3 1/2 à 3 7/8 l.). Larg. 0,0056 (2 1/2 l.)

Corps ovalaire; médiocrement convexe; garni d'un duvet cendré, fin et court, en dessus. *Tête, antennes* et *palpes* de la couleur du prothorax : celui-ci, en angle très-ouvert et dirigé en arrière à la base, peu obtus au devant de l'écusson; sensiblement moins déclive sur les côtés, et légèrement relevé à ceux-ci. *Elytres* en ligne droite à la base, jusqu'au niveau du côté interne du calus, arrondies aux épaules à partir de ce point; irrégulièrement subcordiformes, offrant vers les deux septièmes leur plus grande largeur, en ligne droite ou légèrement sinuée jusqu'aux deux tiers, en ogive postérieurement; extérieurement relevées, à partir des épaules, en une gouttière assez étroite, prolongée ou à peu près jusqu'à l'angle sutural. *Repli* d'un rouge testacé. *Dessous du corps* d'un rouge testacé ou d'un roux testacé, avec les côtés des médi et postpectus et souvent des premiers arceaux du ventre, en majeure partie, noirs. Plaques abdominales en ogive obtuse et un peu oblique, prolongées jusqu'aux cinq sixièmes de l'arceau. *Pieds* d'un rouge ou d'un roux testacé.

Patrie : Java, (collect. Chevrolat).

Obs. Elle a de l'analogie avec l'*E. endecasticta* par la forme et par la gouttière des élytres, mais elle s'en distingue par la sixième tache ponctiforme non arquée ou semi-lunaire, par la position de la première et par la disposition des cinquième et troisième.

Page 777.

56^b. **Epilachna yamana.** *Subhémisphérique: pubescente; d'un rouge roux, en dessus. Prothorax marqué d'une tache ponctiforme* *noire, sur le milieu de la ligne médiane. Elytres arrondies à la base, à partir seulement du côté externe du calus, ornées chacune de six taches ponctiformes noires: les première et cinquième, isolées de la suture: la première, postérieure à l'extrémité de l'écusson: la quatrième, subarrondie, liée ou à peu près au bord externe, un peu postérieure à la troisième, un peu antérieure à la cinquième: celle-ci et la troisième, dirigées vers le quart du bord externe.*

Etat normal. *Prothorax* et *élytres* d'un rouge roux et garnis d'un duvet testacé: le premier, marqué d'une tache ponctiforme noire, sur le milieu de la ligne médiane: les secondes, ornées chacune de six taches ponctiformes de même couleur: les première et cinquième, isolées de la suture: la première, naissant après l'extrémité de l'écusson, séparée de la suture par un espace égal au cinquième de son diamètre, égal environ au cinquième de la largeur: la deuxième, un peu plus grosse, sur le calus, étendue du côté externe: la troisième, presque sur le disque, aux trois septièmes de la longueur: la quatrième, en ovale transversal, liée ou à peu près au bord externe: la cinquième, la moins grosse, aussi rapprochée de la suture que la première, située à peine plus postérieurement à la quatrième que la troisième dépasse celle-ci en devant: la cinquième, subtriangulaire, aux quatre cinquièmes de la longueur, un peu plus voisine du bord externe que de la suture: les cinquième et troisième en ligne dirigée vers le quart du bord externe.

Long. 0,0090 (4/2 l.). Larg. 0,0078 (3 1/2 l.).

Corps subhémisphérique; d'un rouge roux et garni d'un duvet testacé, en dessus. *Elytres* en ligne droite à la base, jusqu'au niveau du côté externe du calus, ou légèrement anguleuses vers les angles postérieurs du prothorax, offrant vers les deux cinquièmes de leur longueur leur plus grande largeur, subarrondies postérieurement; relevées en rebord ou presque en gouttière très-étroite, sur les côtés: repli marqué d'une tache noire, correspondant à la quatrième. *Dessous du corps* et *pieds* d'un rouge ou d'un roux testacé:

côtés du postpectus noirâtres ou obscurs. *Plaques abdominales* obtusément arrondies à leur partie postérieure et très-rapprochées du bord postérieur de l'arceau.

PATRIE : Java, (collect. Rosenhauer).

OBS. Elle se rapproche de l'*E. pytho*, près de laquelle elle se place naturellement.

Page 786. — Ligne 22, au lieu de : *vers l'extrémité du niveau de l'écusson*, lisez : *vers le niveau de l'extrémité de l'écusson.*

Page 789. — Ligne 12. Complétez de la manière suivante la citation.

Coccinella dodecostigma WIEDEMANN, Zoolog. magas. t. 2. 1 cah. page 73. n° 112.

Page 791.

66ᴮ. **Epilachna pagana.** *Brièvement ovale ; pubescente ; d'un rouge testacé brunâtre et carminé. Prothorax ordinairement marqué d'une tache longitudinale et d'un point près de chaque bord externe, noirs. Elytres en ligne droite à la base, jusqu'au niveau du côté interne du calus, à peine en gouttière très-étroite sur les côtés ; ornées chacune de six grosses taches ponctiformes, noires : les première et cinquième, liées ou presque liées à la suture : la première, embrassant avec sa pareille presque tout l'écusson : la quatrième, étendue jusqu'au bord externe : les cinquième et troisième, en ligne droite vers l'angle postérieur du prothorax.*

ETAT NORMAL. *Prothorax* d'un rouge testacé brunâtre ou d'un rouge testacé fauve, orné sur la ligne médiane d'une tache longitudinale couvrant la majeure partie ou presque toute la longueur de cette ligne ; noté de chaque côté, près du bord latéral, d'une tache ponctiforme ou subponctiforme, parfois allongée, d'autres fois réduite à un point très-petit, peu apparent ou parfois indistinct. *Elytres* d'un rouge testacé brunâtre, ou d'un rouge testacé fauve, ornées chacune de six grosses taches ponctiformes noires : la première, joignant ou à peu près la suture, avancée jusqu'à la base ou à peu près, embrassant avec sa pareille l'écusson en totalité ou en très-grande partie, prolongée après celui-ci d'une longueur égale à deux fois celle de l'écusson, ovale, égale environ au quart de la largeur: la deuxième, sur le calus, égale au tiers de la largeur : la troisième, vers les deux cinquièmes de la longueur, commençant au huitième juxta-sutural de la largeur, étendue au moins jusqu'à la moitié de celle-ci : la quatrième, moins antérieure que la troisième du cinquième ou du sixième du diamètre longitudinal de cette dernière, subarrondie, naissant vers les deux tiers de la largeur, couvrant jusqu'au rebord marginal: la cinquième, très-voisine de la suture, un peu avant les deux tiers de la longueur, suborbiculaire, égale au moins au tiers de la largeur ; la sixième, vers les quatre cinquièmes de la longueur, orbiculaire, liée au côté interne de la faible gouttière, égale au moins à la moitié de la largeur.

Obs. Les taches du prothorax varient de grandeur : les latérales sont parfois peu distinctes. Peut-être la médiane disparaît-elle aussi quelquefois.

Long. 0,0078 (3 1/2 l.). Larg. 0,0056 (2 1/2 l.).

Corps brièvement ovale ; convexe ; garni d'un duvet cendré court et fin ; d'un rouge de brique brunâtre, en dessus. *Tête*, *antennes* et *palpes*, de même couleur. *Prothorax* en angle très-ouvert, obtus ou tronqué au devant de l'écusson, et à peine sinué entre le milieu et les angles postérieurs, à la base ; sensiblement plus plane ou légèrement relevé en rebord, sur les côtés. *Ecusson* noir. *Elytres* en ligne droite à la base jusqu'au niveau du côté interne du calus, arrondies aux épaules à partir de ce point ; offrant vers le tiers ou les deux cinquièmes leur plus grande largeur, rétrécies ensuite en ligne plus courbe dans le dernier tiers ; à peine munies d'une gouttière étroite, sur les côtés. *Repli* d'un rouge fauve, marqué d'un point noir, correspondant au quatrième. *Dessous du corps* noir sur les médi et postpectus sur la majeure partie médiaire des trois ou quatre premiers arceaux. *Plaques abdominales* presque en forme de V, un peu arquées en dedans à leur côté externe, prolongées au moins jusqu'aux cinq sixièmes de l'arceau. *Pieds* d'un rouge fauve.

PATRIE : Java, (collect. Deyrolle).

OBS. Cette espèce se rapproche de l'*E. oculea*, par sa forme, par la grosseur des taches ponctiformes noires des élytres, par la quatrième, plus rapprochée de la suture que chez les précédentes.

Page 795. — Ligne 16, (**Epilachna reticulata**) au lieu de : moitié de la longueur, lisez : moitié de la largeur.

Page 799.

72B **Epilachna Elvina.** *Ovale, pubescente, d'un rouge testacé. Prothorax orné d'une bande longitudinale médiane raccourcie, noire, et d'un point de même couleur près de chaque bord latéral. Elytres parées chacune de cinq grosses taches noires : deux, près de la base : deux, vers le milieu, constituant avec leurs pareilles, une rangée transversale : la troisième, des deux tiers aux six septièmes.*

Long. 0,0056 (2 1/2 l.). Larg. 0,0039 (1 3/4 l.).

Corps ovale ; pubescent ; d'un rouge testacé, en dessus. *Tête, antennes* et *palpes*, de même couleur. *Prothorax* marqué sur la ligne médiane d'une sorte de bande longitudinale noire, assez étroite, prolongée du cinquième aux trois quarts ; marqué, de chaque côté, entre celle-ci et le milieu du bord latéral, mais plus près du bord que du milieu, d'un point également noir. *Elytres* arrondies aux épaules depuis les côtés du prothorax, en ogive étroite postérieurement ; assez fortement ponctuées ; parées chacune de cinq grosses taches noires : la première, ovale, liée ou à peu près à la suture, depuis l'extrémité de l'écusson, presque jusqu'au quart de la longueur, couvrant dans son milieu près du tiers de la largeur : la deuxième, plus grosse, presque orbiculaire, échancrée au côté antéro-externe du calus huméral, étendue depuis les deux cinquièmes de la largeur, presque jusqu'au bord externe : les troisième et quatrième, formant avec leurs semblables une rangée transversale, vers le milieu de la longueur : la troisième en ovale transverse, très-rapprochée de la suture, étendue environ jusqu'aux trois cinquièmes de la largeur : la quatrième, en carré un peu plus long que large, à peu près liée au bord externe : la cinquième, aussi voisine de la suture que la troisième, et du bord externe que de la suture, prolongée des deux tiers ou un peu plus des cinq sixièmes environ de la longueur. *Dessous du corps* noir sur les médi et postpectus (le ventre n'existait pas sur l'individu que j'ai eu sous les yeux). *Pieds* d'un rouge testacé.

PATRIE : les provinces boréales des Indes orientales, (collection Deyrolle).

OBS. Elle appartient à la division dans laquelle se trouve l'*E. 11-spilota* et doit être placée immédiatement avant celle-ci.

Page 800. — **Epilachna flavicollis**, ligne 5 de la phrase diagnostique, au lieu de : *lié ou à peu près*, lisez : *lié parfois.*

Ligne 17, au lieu de :

Epilachna flavicollis, lisez : *Coccinella flavicollis.*

Page 802.

39[B]. **Epilachna maculivestis**. *Brièvement ovale ; pubescente ; d'un roux testacé plus ou moins clair ou obscur, en dessus. Prothorax marqué de trois taches ponctiformes, en rangée transversale. Elytres ornées chacune de cinq grosses taches noires : deux, en rangée un peu arquée en arrière (l'externe plus grosse échancrée par le calus) : deux, en rangée transversale vers le milieu : une, en ovale transversal vers* *les quatre cinquièmes, aussi voisine du bord externe que de la suture : la première, liée ou à peu près à la suture, du sixième au tiers de la longueur.*

ETAT NORMAL. *Prothorax* et *élytres* d'un roux fauve ou parfois presque d'un rouge de chair : le *prothorax*, orné de trois taches ponctiformes disposées en rangée transversale : l'intermédiaire, moins petite ou formée de la réunion de deux taches, prolongée presque depuis le bord antérieur jusqu'à la moitié ou un peu plus de la ligne médiane : chacune des latérales, très-petite, entre celle-ci et le bord externe : les *élytres* plus pâles ou plus jaunâtres vers leur extrémité ; parées chacune de cinq grosses taches noires: les première et deuxième, formant avec leurs pareilles une rangée faiblement dirigée en arrière ; la première ou interne, suborbiculaire, liée ou à peu près à la suture, du sixième au tiers de la longueur : la deuxième, plus grosse, paraissant composée de deux taches unies, couvrant les deux cinquièmes de la largeur jusque près du bord externe, échancrée dans sa moitié antéro-externe par le calus dont elle entoure la base à ses côtés interne et postérieur : les troisième et quatrième, formant avec leurs pareilles une rangée transversale, vers la moitié ou un peu plus de la longueur : la troisième ou interne, plus grosse, en ovale transversal, couvrant du neuvième juxta-sutural aux trois cinquièmes de la largeur: la quatrième, en ovale longitudinal, un peu plus distante de la troisième que celle ci de la suture, plus rapprochée du bord externe : la cinquième, vers les quatre cinquièmes de la longueur, en ovale transversal, à peine moins voisine de la suture que la troisième, aussi rapprochée du bord externe.

Long. 0,0056 (2 1/2 l.). Larg. 0,0045 (2 l.).

Corps ovale; convexe et garni d'un duvet cendré en dessus. *Tête*, *antennes* et *palpes* d'un rouge testacé, d'un roux testacé ou d'un rouge presque de chair. *Prothorax* en arc à peine bissubsinué, à la base; faiblement moins déclive sur les côtés. *Elytres* arrondies aux épaules depuis la moitié de la base, faiblement rétrécies du quart aux deux tiers, en ogive à l'extrémité; très-étroitement rebordées. *Repli* un peu plus pâle que le dessus. *Dessous du corps* d'un roux testacé sur l'antépectus, sur le mésosternum, sur les épimères des médi et post-pectus, noir sur les autres parties pectorales. Ventre noir, avec les deux derniers arceaux d'un roux testacé, parfois d'une manière assez obscure chez la ♀. *Pieds* d'un roux testacé : cuisses obscures ou noirâtres (♀).

PATRIE : le Thibet, (collect. Chevrolat, Motschoulsky).

OBS. La couleur du dessus du corps paraît ordinairement plus obscure ou moins claire chez la ♀ que chez le ♂.

Page 820.

Ajoutez après la var. β de l'*Epilachna discors* :

βB. Parfois les taches très-développées, comme chez les var. α et β, présentent en outre la septième tache unie à la cinquième, et la huitième avancée ou à peu près jusqu'à la septième. (Collect. Chevrolat).

Page 836.

104. **Epilachna 28-punctata.** FAB.

Ajoutez après la huitième ligne :

OBS. La collection de M. Chevrolat renferme, de cette espèce si variable, un exemplaire singulier, ayant le prothorax sans taches, manquant du premier point noir des élytres, offrant le septième uni d'une part au huitième qui s'est dilaté jusqu'au bord externe, et d'autre part au neuvième, comme lui plus développé que dans l'état normal.

Page 842. — A la fin de la page ajoutez :

Il faut rapporter vraisemblablement à cette espèce, l'*Epilachna praecincta*, ERICHSON, Conspect. Ins. col. peruan. *in Erichson*'s Archiv, t. 13 première part. p. 183. 2.

Page 844. — Ligne 9, après :

Coccinella palliata, ajoutez : ILLIGER, Magaz, t. 2, p. 293.

Page 849. — Ligne 8, après la description de l'*E. clandestina*, ajoutez :

OBS. Parfois la bordure noire des élytres est interrompue après l'angle postéro-interne du calus.

Page 854. — Ligne 25, au lieu de : **E. circunducta**, lisez : **E. circumducta**.

Page 855.

122[B]. **Epilachna arethusa.** *Brièvement ovale. Prothorax d'un rouge testacé, orné près de la base de deux taches subponctiformes, juxta-médiaires, noires. Elytres d'un rouge testacé, ornées d'une bordure externe à peine moins pâle, égale au septième environ de la largeur vers le milieu de la longueur : marquées au côté interne de celle-ci d'une bordure noirâtre, de largeur indécise, prolongée le long de la base jusqu'à l'écusson, où elle se lie à une bordure suturale également noirâtre.*

Long. 0,0056 (2 1/2 l.). Larg. 0,0045 (2 l.).

Corps brièvement ovale ; pubescent. *Tête*, *antennes* et *palpes* d'un rouge ou rouge jaunâtre testacé. *Prothorax* de même couleur, paré près de sa base, de deux petites taches ou points transversalement et un peu allongés, réunis sur la ligne médiane, où ils forment une sorte de V très-ouvert. *Elytres* d'un rouge testacé ; ornées d'une bordure externe à peine moins pâle, égale au huitième ou au septième de la largeur, vers la moitié de la longueur, graduellement plus étroite postérieurement ; parées au côté interne de celle-ci, d'une bande noirâtre, égale au moins au quart de la largeur sur le calus, en partie oblitérée et par là d'une largeur indécise postérieurement : cette bande prolongée à la base jusqu'à l'écusson, où elle s'unit à une bordure suturale égale en devant environ au quart de la largeur, graduellement un peu rétrécie et un peu oblitérée jusqu'à l'angle sutural, où elle s'unit presque à la bande noirâtre externe. *Dessous du corps* et *pieds* roux.

Patrie : les provinces boréales des Indes orientales, (collection Deyrolle).

Page 858. — Après la division $\mu\mu$:

126[B]. **Epilachna testicolor**. *Subhémisphérique ou brièvement ovale; pubescente; d'un rouge testacé en dessus et en dessous. Elytres parées d'une bordure obscure ou noirâtre, passant sur le calus et prolongée parallèlement au bord externe jusqu'aux deux tiers, couvrant la base et couvrant la suture jusqu'à la moitié au moins, en se rétrécissant d'avant en arrière. Plaques abdominales dépassant à peine la moitié de l'arceau.*

Long. 0 0051 (2 1/4 l.) Larg. 0,0039 (1 3/4 l.).

Corps brièvement ovale ou subhémisphérique; d'un rouge testacé et garni d'un duvet fin et cendré, en dessus. *Tête*, *antennes* et *palpes*, de même couleur. *Prothorax* en angle très-ouvert, tronqué au devant de l'écusson, et à peine sinué au devant de cette troncature, à la base; une fois et quart au moins aussi large à celle-ci que long sur son milieu; sans taches. *Ecusson* triangulaire; aussi large à la base de chaque étui, depuis la suture jusqu'au point correspondant à l'angle postérieur du prothorax. *Elytres*, prises ensemble, échancrées en arc en devant entre les angles postérieurs du prothorax, subarrondies aux épaules en dehors de ceux-ci, ovales, offrant vers la moitié leur plus grande largeur; médiocrement ou peu fortement convexes; d'un rouge testacé; ornées chacune d'une bordure noirâtre obscure ou nébuleuse, passant sur le calus, prolongée parallèlement au bord externe jusqu'aux deux tiers ou trois quarts de la longueur en s'affaiblissant graduellement, couvrant la base depuis le calus, et prolongée sur la suture, jusqu'à la moitié au moins de la longueur, égale vers l'écusson au quart environ de la largeur, graduellement rétrécie d'avant en arrière, réduite après la moitié, quand elle existe, à une étroite bordure suturale. *Dessous du corps* d'un rouge testacé. *Plaques abdominales* en demi-cercle élargi, à peine prolongées au delà de la moitié de l'arceau. *Pieds* testacés, probablement; (ils manquaient sur l'exemplaire sur lequel a été faite cette description).

Patrie : les Indes orientales, (collect. Deyrolle).

Page 873. — Ligne 8, au lieu de : la sixième, aux quatre septièmes, lisez : la septième aux quatre septièmes.

Page 878.

148[B]. **Epilachna Manderstjernæ.** *Ovale ; pubescente ; d'un rouge testacé ou d'un roux testacé, en dessus. Elytres ornées chacune de six points noirs, assez gros : deux, en rangée transversale subbasilaire, (l'externe couvrant le calus) : deux, en rangée transversale aux deux cinquièmes : un, juxta-sutural, vers la moitié : un, discal, vers les trois quarts.*

Long. 0,0033 (1 1/2 l.). Larg. 0,0028 (1 1/4 l.).

Corps ovale ; convexe ; d'un rouge testacé ou d'un roux testacé, plus pâle sur la tête et le prothorax, et garni d'un duvet blond et assez clairsemé, en dessus. *Prothorax* offrant parfois les traces d'une ligne ou bande nébuleuse, transversale médiaire et raccourcie à ses extrémités. *Elytres* offrant vers les deux cinquièmes leur plus grande largeur, en ogive postérieurement ; ornées chacune de six points noirs ; cinq, égaux au quart environ de la largeur, vers le milieu de la longueur : le juxta-sutural plus petit : les premier et deuxième, placés près de la base : le deuxième ou externe, couvrant le calus : le premier, entre celui-ci et l'écusson : les troisième et quatrième, en rangée transversale vers les deux cinquièmes, en quadrilatère obliquiangle avec les précédents : le troisième, au milieu de l'élytre : le quatrième, voisin du bord externe : le cinquième, vers la moitié de la longueur, joignant presque la suture : le sixième, discal, vers les trois quarts de la longueur : *repli*, *dessous du corps* et *pieds* d'un testacé rosat : médipectus marqué d'une tache noire de chaque côté de la ligne médiane.

PATRIE : l'Asie, (collect. Motschoulsky).

OBS. Elle a beaucoup d'analogie avec l'*E Dufourii* pour la disposition du dessin ; elle en diffère par sa taille, par la position des deuxième et cinquième taches, etc.

J'ai dédié cette espèce à M. Alexandre de Manderstjerna, de Saint-Pétersbourg, entomologiste plein de zèle et de talents.

Page 890.

1. **Eupalea foveiventris**. *Ovale oblongue ; pubescente. Prothorax et élytres, bruns : le premier, paré d'une bordure latérale d'un rouge carminé égale au cinquième de la largeur : les secondes, ornées d'une bordure suturale étroite et d'une bordure externe égale au sixième de la largeur, d'un rouge de laque carminée. Dessous du corps et pieds d'un rouge plus clair.*

Long. 0m,0037 (1 3/5 l.). Larg. 0m,0031 (1 3/5 l.).

Corps ovale oblong : peu fortement convexe ; garni d'un duvet cendré grisâtre, en dessous. *Tête*, *antennes* et *palpes* d'un rouge carminé ou un peu pâle. *Prothorax* de même couleur sur les côtés, brun sur les trois cinquièmes médiaires : cette partie brune, passant inégalement au brun rouge ou au rouge brun en se rapprochant du bord antérieur. *Elytres* à peine élargies en ligne faiblement courbe jusqu'à la moitié, en ogive obtuse dans le dernier tiers ; assez finement ou peu grossièrement ponctuées ; brunes sur la majeure partie de leur surface, ornées d'une bordure suturale étroite et d'une bordure externe égale au sixième ou presque au cinquième de la largeur, d'un rouge de laque carminée ou moins pâle que les côtés du prothorax. *Dessous du corps* et *pieds* d'un rouge de teinte plus claire. Cinquième arceau ventral échancré, creusé de deux fossettes en ovale transversal, profondes, couvertes de poils : sixième arceau étroitement échancré presque en demi-cercle.

PATRIE : la nouvelle-Hollande, (collect. Chevrolat).

OBS. Elle semble lier les *Poria* aux *Eupalea*. Elle a le port des premières et les caractères des secondes. Les fossettes ventrales ne sont peut-être qu'un caractère propre à l'un des sexes.

Page 896.

5B. **Ortalia Maeklini.** *Obtusément ovalaire ; parcimonieusement pubescente et d'un livide blanchâtre ou d'un livide carné, ou d'un livide testacé.*

Long. 0,0033 (1 1/2 l.). Larg. 0,0028 (1 1/4 l.).

Corps obtusément et brièvement ovale ; médiocrement ou faiblement convexe ; garni d'un duvet court et peu épais ; en dessus, d'un livide blanchâtre ou peut-être d'un blanc livide pendant la vie, d'un livide tirant sur le carné ou le testacé, après la mort. *Prothorax* de teinte moins claire que les élytres, au moins sur son disque et paraissant marqué d'une tache subponctiforme obscure, au devant de l'écusson. *Elytres* offrant quelques veinules rougeâtres courtes et irrégulières, paraissant accidentelles. *Repli*, *dessous du corps* et *pieds* d'un blanc livide.

PATRIE : ? (Muséum de Saint-Pétersbourg).

Je l'ai dédiée à M. Maeklin, naturaliste russe, dont les premiers travaux semblent promettre à l'Entomologie un savant de premier ordre.

Page 903.

1A. **Rodolia carmelitana.** *Subhémisphérique ; pubescente. Prothorax et élytres d'un rouge brun ou d'un brun rouge : le premier, d'un roux livide sur les côtés : les secondes, plus obscures extérieurement.*

Long. 0,0061 (2 3/4 l.). Larg. 0,0056 (2 1/2 l.).

Corps subhémisphérique, peu fortement convexe ; garni d'un duvet cendré assez épais. *Tête*, *antennes* et *palpes* d'un roux flave, d'un roux livide ou d'un roux testacé livide. *Prothorax* fortement arqué en arrière, obtus au devant de l'écusson et sensiblement sinué de chaque côté de cette partie médiaire, à la base ; subarrondi aux angles de devant ; arqué latéralement ; peu ou point émoussé aux angles postérieurs ; convexe, mais moins déclive sur les côtés ; d'un rouge brun ou d'un brun rouge, paré de chaque côté d'une bordure d'un jaune testacé ou d'un roux flave ou livide, étendue en devant jusqu'à la sinuosité postoculaire ou un peu plus, ne dépassant pas, au tiers de la longueur, la ligne longitudinale qui partirait de l'angle de devant, faiblement rétrécie de là à la base. *Elytres* moins déclives ou faiblement relevées sur les côtés ; d'un rouge brun ou d'un brun rouge, avec la partie correspondante au repli noirâtre ou obscure. *Repli* brun ou d'un brun noir. *Dessous du corps* et *pieds* roux ou d'un roux testacé. *Plaques abdominales* prolongées au moins jusqu'aux trois quarts de l'arceau.

Patrie : Cayenne, (collect. Perroud).

1^{C}. **Rodolia carneipellis**. *Subhémisphérique ; d'un rouge testacé un peu plus foncé ou plus nébuleux sur les élytres que sur le prothorax, et hérissé d'un duvet roux livide, en dessus. Poitrine et pieds d'un rouge testacé plus pâle ou plus roussâtre. Ventre et côtés du postpectus, en partie bruns.*

Long. 0,0061 (2 3/4 l.). Larg. 0,0056 (2 1/2 l.).

Patrie : Java, (collect. Chevrolat).

Page 904.

4^{B}. **Rodolia Guinoni**. *Brièvement ovale ou subhémisphérique ; pubescente ; d'un rouge testacé un peu nébuleux, en dessus. Elytres marquées de points assez gros. Dessous du corps un peu plus foncé.*

Long. 0,0051 (2 1/4 l.). Larg. 0,0042 (1 7/8 l.).

Patrie : Para, (collect. Chevrolat).

Obs. Elle se rapproche de la *R. roseipennis*, dont elle s'éloigne par une couleur moins pâle, surtout par ses élytres moins finement pointillées, marquées de points moins petits, très-apparents; par son duvet cendré roussâtre, moins fin et plus hérissé.

Je l'ai dédiée à M. Guinon, l'un de nos plus habiles teinturiers chimistes, et à qui la science doit diverses découvertes fort utiles.

5[B]. **Rodolia pubivestis**. *Très-brièvement ovale; convexe; entièrement d'un rouge testacé tirant sur le rouge de chair; hérissée d'un duvet cendré pâle. Repli d'un jaune testacé. Desous du corps d'un rouge testacé, légèrement brunâtre sur la poitrine. Ventre et pieds d'un rouge testacé.*

Long. 0,0048 (2 1/8 l.). Larg. 0,0036 (1 2/3 l.)

Corps très-brièvement ovale ou subhémisphérique; d'un rouge testacé tirant sur la couleur de chair et hérissé d'un duvet cendré blanchâtre, fin, court et médiocrement épais, en dessus. *Prothorax* élargi en ligne courbe jusqu'aux deux cinquièmes des côtés, parallèle ensuite; en angle très-ouvert et un peu obtus au devant de l'écusson, à la base; étroitement relevé en rebord sur les côtés. *Elytres* peu distinctement pointillées; parsemées de points assez gros. *Repli* d'un jaune testacé. *Dessous du corps* d'un rouge testacé légèrement brunâtre sur les médi et postpectus; plus clair sur le ventre; marqué de taches obscures médiocrement apparentes sur les côtés des premiers arceaux de celui-ci. *Pieds* d'un rouge testacé: *jambes* faiblement arquées. *Plaques abdominales* prolongées presque jusqu'à l'extrémité de l'arceau.

Patrie: Cayenne, (collect Deyrolle).

Page 910.

4[B]. **Chnoodes trivia**. *Subhémisphérique; pubescente. Prothorax* *noir, orné aux angles de devant d'une tache obtriangulaire d'un rouge pâle. Elytres d'un rouge vermillon tirant sur l'orangé, ornées d'une tache suturale orbiculaire, du sixième aux trois septièmes, et chacune de deux autres grosses taches, noires.*

Long. 0,0033 (1 1/2 l). Larg. 0,0025 (1 1/3 l.).

Corps subhémisphérique; peu densement garni d'un duvet cendré ou cendré rougeâtre, en dessus. *Tête* d'un rouge orangé, avec la partie postérieure souvent obscure ou noirâtre. *Palpes* et *antennes* d'un rouge orangé. *Prothorax* noir, paré aux angles de devant d'une tache obtriangulaire, étendue en devant jusqu'à la sinuosité postoculaire, prolongée en se rétrécissant graduellement jusqu'aux deux tiers ou trois quarts de la longueur des côtés. *Élytres* d'un rouge vermillon tirant sur l'orangé, ornées d'une tache suturale et chacune de deux autres, noires: la tache suturale, orbiculaire, couvrant la suture du sixième aux trois septièmes de la longueur: la première tache particulière à chaque élytre, suborbiculaire, couvrant du huitième aux deux cinquièmes de la longueur, et de la moitié ou un peu moins presque aux sept huitièmes de la largeur: la deuxième tache, obtriangulaire, prolongée des quatre septièmes aux cinq sixièmes environ de la longueur, couvrant plus des deux tiers médiaires de la largeur, également rapprochée de la suture et du bord externe. *Dessous du corps* noir sur la majeure partie de la poitrine, d'un rouge jaunâtre sur le ventre. *Cuisses* noires: *jambes* et *tarses* d'un rouge jaunâtre.

Patrie: l'Amérique méridionale, (collect. Deyrolle).

Page 915.

12[B]. **Chnoodes hœmorrhois**. *Ovale; parcimonieusement pubescente; d'un vert métallique assez clair sur les élytres; noire en dessous, avec le dernier arceau ventral d'un rouge brunâtre.*

Long. 0,0030 (1 2/3 l.). Larg. 0,0028 (1 1/4 l.).

Corps subhémisphérique; parcimonieusement pubescente. *Tête* et *prothorax* parfois obscurs, mais paraissant être dans l'état de vie d'un vert métallique ou d'un vert bronzé. *Elytres* d'un vert métallique assez clair. *Dessous du corps* et *pieds* noirs : dernier arceau du ventre d'un rouge foncé.

PATRIE : Sainte-Catherine (Brésil), (collect. Deyrolle).

Page 924. — Ligne 10. **Exoplectra coccinea** au lieu de : *Bord antérieur au moins*, lisez : *Bord antérieur du prothorax au moins.*

Page 929.

2B. **Azia ardosiaca**. *Hémisphérique ; d'un bleu foncé ou noirâtre et garni d'un duvet cendré assez épais, en dessus. Élytres dénudées joignant la suture, depuis l'extrémité de l'écusson jusqu'aux trois septièmes ou un peu plus de la longueur, et d'une manière parallèle égale environ au quart de la largeur. Dessous du corps et pieds d'un roux rouge.*

Long. 0,0042 (1 7/8 l.). Larg. 0,0035 (1 1/2 l.).

Corps hémisphérique ou à peu près ; d'un brun foncé ou noirâtre et garni d'un duvet cendré assez épais, en dessus, duvet qui le fait paraître un peu ardoisé. *Tête* de même couleur. *Labre*, *antennes* et *palpes* d'un rouge roux. *Elytres* dénudées chacune sur la moitié antérieure de la suture, et offrant, par là, une sorte de tache commune en carré long, naissant à l'extrémité de l'écusson, parallèle, prolongée jusqu'aux trois cinquièmes ou à la moitié de la longueur, à peine égale au quart de la largeur de chaque étui, vers le tiers de la longueur. *Dessous du corps* et *pieds* d'un roux rouge ou d'un rouge roux : extrémité du ventre plus jaunâtre.

PATRIE : la Guadeloupe, (collect. Deyrolle).

Page 935.

βββ. Repli prothoracique creusé d'une petite fossette suborbiculaire.

5[B]. **Aulis plantaris** *Ovalaire ; pubescente ; noire. Elytres ornées chacune vers le tiers de la longueur, près de la suture, d'une tache ponctiforme rougeâtre, peu nettement limitée, égale environ au quart de la largeur.*

Long. 0,0033 (1 1/2 l.). Larg. 0,0022 (1 l.).

Corps ovalaire ; convexe ; noir et garni d'un duvet cendré peu ou médiocrement épais, en dessus. *Antennes* obscures, avec la base et l'extrémité d'un fauve nébuleux. *Élytres* ornées chacune, vers le tiers de leur longueur, d'une tache ponctiforme, d'un rouge pâle ou d'un rouge testacé, médiocrement apparente, peu nettement limitée, égale environ au quart de la largeur, rapprochée de la suture d'un sixième de la largeur. *Dessous du corps* d'un brun noir. *Plaques abdominales* en forme de V, prolongées à peu près jusqu'au bord postérieur de l'arceau. *Pieds* d'un brun noir : tarses d'un rouge testacé livide, avec le dernier article obscur.

PATRIE : le cap de Bonne-Espérance, (collect. Deyrolle).

Page 936.

5. **Aulis rufo-vittata.** *Ovale ; pubescente. Elytres d'un rouge testacé ou d'un fauve orangé, ornées d'une large bordure suturale et chacune d'une bande longitudinale, noires : la bande, égale au moins au tiers de la largeur, unie à la base à la bordure, et postérieurement liée à celle-ci vers les six septièmes de sa longueur ; noires, ornées chacune de deux bandes d'un rouge ou roux testacé : l'une, rapprochée de la suture, raccourcie à ses deux extrémités : l'autre, contiguë au bord externe, prolongée depuis la base jusqu'à l'angle sutural.*

Long. 0,0033 (1 1/2 l.). Larg. 0,0022 (1 l.).

Corps ovale ; convexe ; pubescent. *Tête* et *palpes* noirs. *Prothorax* noir, orné aux angles antérieurs d'une tache d'un rouge testacé, transverse, étendue jusqu'à la sinuosité postoculaire, à peine prolongée jusqu'à la moitié des côtés. *Ecusson* noir. *Elytres* d'un rouge ou roux testacé ou d'un fauve orangé, ornées d'une bordure suturale et chacune d'une bande longitudinale, noires : la bordure, confondue avec la bande, à la base, dont elles couvrent les trois quarts, égale au quart de la largeur vers le cinquième de la longueur, graduellement réduite à la moitié de cette largeur vers l'angle sutural : la bande, courbée en dedans à la base pour s'unir à la bordure suturale, avec laquelle elle se confond jusqu'au sixième ou un peu plus de la longueur, égale au tiers au moins de la largeur d'un étui, prolongée, en se rétrécissant vers son extrémité, unie à la bordure suturale vers les six septièmes de la longueur de celle-ci, laissant de chacun de ses côtés, entre la bordure suturale et le bord externe, une bande d'un rouge testacé, ou fauve orangé d'égale largeur. *Repli* d'un rouge testacé. *Dessous du corps* noir sur la poitrine; d'un rouge fauve sur le ventre. *Pieds* noirs.

PATRIE : le Brésil, (collect. Deyrolle).

Page 936.

6. **Aulis notivestis.** *Ovale-oblongue; pubescente. Prothorax noirâtre sur le dos, graduellement d'un rouge brun sur les côtés. Elytres noires, ornées chacune d'une bande longitudinale oblongue, d'un rouge testacé, prolongée du septième aux deux tiers, plus rapprochée de la suture que du bord externe.*

Long. 0,0033 (1 1/2 l.). Larg. 0,0020 (7/8 l.).

Corps ovale oblong; pubescent. *Tête* d'un rouge brun. *Prothorax* noirâtre sur le dos, graduellement d'un rouge brun sur les côtés. *Elytres* noires, ornées chacune d'une tache ou bande longitudinale oblongue, d'un rouge brun, couvrant du septième aux deux tiers environ de la longueur, et du sixième interne aux deux tiers ou trois cinquièmes de la largeur, dans son milieu, graduellement un peu plus étroite à ses extrémités. *Dessous du corps* et *pieds* fauves. *Plaques abdominales* prolongées jusqu'aux cinq sixièmes environ de l'arceau.

PATRIE : les parties boréales de l'Inde, (collect. Deyrolle).

Page 937.

Ajoutez après la description de la *Dioria sordida*.

Obs. Les parties du prothorax et des élytres qui se trouvaient brunes sur les exemplaires d'après lesquels a été faite la description, paraissent être noires à l'état normal.

Page 938.

SCYMNIENS.

Modifiez de la manière suivante la fin du tableau synoptique des genres.

Branches.

- Cuisses ne cachant pas la jambe.
  - Antépectus avancé en forme de mentonnière, de manière à cacher les parties de la bouche dans l'état de repos. . . . . — Cryptolaemaires.
  - Antépectus non avancé en forme de mentonnière.
    - Epistome formant avec les joues un chaperon coupant les yeux en majeure partie. . . . — Platynaspiaires.
    - Epistome ne formant pas avec les joues un chaperon coupant les yeux.
      - Prothorax embrassant le côté externe des yeux ; à sinuosités postoculaires généralement très-marquées. Yeux subparallèles. Antennes ordinairement de dix articles. Corps subhémisphérique. . . . . . . — Scymniaires.
      - Prothorax faiblement échancré en arc rentrant, en devant ; à sinuosités postoculaires peu ou point marquées. Yeux généralement obliques. Antennes allongées. Corps ovale ou ovale-oblong. . . . . — Rhizobiaires.

Page 944.

2. **Aspidimerus Ariasi**. *Brièvement ovale ; pubescent. Prothorax noir. Elytres orangées, ornées d'une tache subcordiforme commune, du cinquième à la moitié de la suture, et chacune de deux gros points et de*

deux bordures raccourcies, noires : le premier point, sur la ligne transversale de la tache : le deuxième, des deux tiers aux cinq sixièmes, rapproché de la suture : la première bordure, couvrant la moitié interne de la base : l'autre, les deux cinquièmes postérieurs du bord externe.

Long. 0,0028 (1 1/4 l.). Larg. 0,0022 (1 l.).

Corps brièvement ovale ; pubescent. *Tête* d'un rouge orangé. *Antennes* d'un rouge testacé. *Prothorax* noir, paré vers les angles antérieurs d'une petite tache d'un flave orangé. *Ecusson* noir. *Elytres* orangées ou d'un rouge orangé, ornées d'une tache subcordiforme commune, et chacune de deux gros points et de deux parties de bordures, noires : la tache, commune, couvrant la suture du cinquième au moins à la moitié, étendue environ jusqu'au tiers interne de la largeur : le premier gros point, formant avec son semblable et la tache commune une rangée transversale, subarrondi, égal environ à la moitié de la largeur, à égale distance de la tache commune et du bord externe : le deuxième point, des deux tiers aux cinq sixièmes ou un peu plus de la longueur, arrondi, de moitié plus voisin de la suture que du bord externe : la première bordure, couvrant la base depuis l'écusson jusqu'à la moitié de la largeur : la deuxième, depuis la moitié ou un peu plus du bord externe jusqu'à l'angle sutural. *Dessous du corps* noir. *Pieds* d'un rouge testacé.

Patrie : les provinces boréales des Indes orientales, (collection Deyrolle).

J'ai dédié cette belle espèce à M. J. Arias Teijeiro, ancien magistrat espagnol, qui se plaît à chercher dans l'étude des insectes des distractions aux ennuis de l'exil volontaire auquel l'ont condamné ses nobles sentiments de fidélité.

3. **Aspidimerus fulvo-cinctus.** *Brièvement ovale ; pubescent. Prothorax noir bordé de roux testacé aux angles de devant. Elytres noires, ornées chacune d'une bordure externe d'un roux testacé couvrant les deux cinquièmes externes de la largeur et le tiers postérieur de la suture.*

Long. 0,0028 (1 1/4 l.). Larg. 0,0018 (7/8 l.).

Corps brièvement ovale; convexe ou médiocrement convexe ; pubescent. *Tête*, *antennes* et *palpes* d'un fauve testacé. *Prothorax* tronqué au devant de l'écusson et sinué de chaque côté de cette troncature, à la base; noir, orné aux angles de devant, d'une petite tache obtriangulaire, d'un jaune testacé ou roux testacé, à peine prolongée jusqu'aux deux tiers des bords latéraux. *Ecusson* noir. *Elytres* noires, parées chacune d'une bordure externe d'un roux testacé, prolongée depuis la base jusqu'à l'angle sutural, couvrant les deux cinquièmes externes à la base et jusque après le milieu, et le tiers postérieur de la suture. Repli réduit à une tranche dans sa moitié postérieure; d'un fauve ou roux testacé, avec le bord externe obscur ou noirâtre. *Dessous du corps* noir, avec les côtés du ventre plus ou moins sensiblement d'un fauve testacé. *Pieds* d'un roux ou fauve testacé.

PATRIE : l'Asie, (collect. Motschoulsky).

OBS. J'ai vu dans la même collection un individu paraissant provenir des mêmes localités, dont les élytres sont entièrement d'un roux testacé ou d'un fauve roux testacé. Cet exemplaire qui semblerait devoir constituer une espèce particulière *(A. fulvivestis)* n'est probablement qu'une variété de l'espèce précédente. La tache prothoracique est plus étroite; le bord extérieur du repli plus visiblement noir, pour le reste il est semblable à l'*A. fulvo-cinctus*.

La bordure des élytres doit probablement varier de largeur.

Page 945.

TROISIÈME BRANCHE.

LES CRYPTOLAEMAIRES.

CARACTÈRES. *Antépectus* avancé en forme de mentonnière de manière à cacher les parties de la bouche et les antennes, dans l'état de repos : le bord antérieur du labre s'appliquant alors sur cette mentonnière (1).

Cette branche qui rappelle celle des Cryptognathaires, est réduite au genre suivant.

Genre *Cryptolaemus*, CRYPTOLÆME.

(κρυπτός, caché ; λαιμός, gorge).

CARACTÈRES. *Antennes* cachées dans le repos par la mentonnière ; à peine plus longuement prolongées que la tête ; de dix articles : le premier, renflé : le deuxième, un peu moins gros, de deux tiers aussi grand que le troisième : celui-ci, plus long que le quatrième : les cinquième et sixième, assez courts : les septième à dixième, constituant une massue subcomprimée, grossissant graduellement : le dixième, aussi long à peu près que les huitième et neuvième pris ensemble, un peu rétréci et obtusément tronqué à son extrémité. *Elytres*, en devant, de la largeur du prothorax à ses angles postérieurs ; à angle huméral très-ouvert et peu ou pas émoussé ; élargies ensuite en ligne courbe jusqu'au quart de la longueur ; obtusément arrondies à l'extrémité, prises ensemble ; à repli graduellement rétréci jusqu'au troisième ou quatrième arceau du ventre, où il est réduit à une tranche, à peine marqué d'une fossette. *Plaques abdominales* en demi-cercle régulier, non prolongé jusqu'à l'extrémité de l'arceau.

1. C. **Montrousieri**. *Ovale ; pubescent ; médiocrement convexe. Tête et prothorax d'un roux fauve. Elytres noires, avec une tache apicale en ellipse transverse, d'un roux fauve. Poitrine noire. Ventre roux.*

Long. 0,0051 (2 1/3 l.). Larg. 0,0033 (1 1/2 l.).

Corps ovale, pubescent ; médiocrement convexe. *Tête* et *antennes*

---

(1) Par suite de l'introduction de cette branche nouvelle, les *platynaspiaires* doivent former la quatrième et ainsi de suite.

d'un roux fauve. *Prothorax* élargi en ligne courbe sur les côtés, jusqu'au tiers, presque parallèle ensuite ; en angle très-ouvert et dirigé en arrière à la base, plus de deux fois aussi large à celle-ci que long dans son milieu, convexe. *Ecusson* triangulaire; noir. *Elytres* ovalaires ; très-obliquement coupées postérieurement ; médiocrement convexes; pubescentes; noires, avec l'extrémité d'un roux fauve; cette partie fauve formant une sorte de tache en ovale ou en ellipse transversal, couvrant à la suture le sixième de la longueur, et le cinquième ou presque le quart de la largeur du bord externe depuis l'angle huméral jusqu'à l'angle presque insensible postéro-externe, faiblement arqué en devant. *Dessous du corps* d'un roux fauve sur l'antépectus : noir sur les médi et postpectus : le reste, roux ou roux jaunâtre. *Plaques abdominales* en arc atteignant presque le bord de l'arceau. *Pieds* noirs, tranche des cuisses et tranche inférieure des jambes de devant d'un rouge carné obscur.

Patrie : l'Australie (collect Deyrolle-Perroud).

J'ai dédié cette belle espèce à M. l'abbé Montrousier, missionnaire de la société des Maristes, entomologiste distingué, auteur de la Faune des insectes de l'île de Woodlark.

Page 946.

Suivant M. le docteur Schaum, la *Platynaspis bisignata* est identique avec la *Cocc. mesomela* Klug, in Abhandl. v. d. Akad. z. Berlin, 1834, p. 213, 215. (Voy. Schaum, Bericht, Berlin, 1852. p. 213). et ce dernier nom doit lui être rendu.

Page 947.

5. **Platynaspis flavilabris**.

Peut-être cette espèce est-elle identique avec l'*Exochomus pubescens*. Elle serait alors à supprimer.

Page 948. — Complétez de la manière suivante la dernière ligne du tableau :

Repli des élytres creusé de fossettes.	Jambes antérieures grêles	*Coelopterus*.
	Jambes antérieures anguleusement dilatées . . .	*Bucolus*.

Page 952.

3B. **Scymnus (Diomus) roseicollis** *Ovale; pubescent. Tête, prothorax et pieds d'un rouge rosat. Elytres noires, ornées chacune d'une tache d'un rouge rosat, couvrant le tiers postérieur du bord externe, étendue jusqu'au quart interne de la largeur, échancrée dans la seconde moitié de son côté interne.*

Long. 0,017 (5/4 l.). Larg. 0,0009 (2/5 l.).

Corps ovale; médiocrement ou peu fortement convexe; pubescent. *Tête, antennes* et *prothorax* d'un rouge pâle ou rose. *Elytres* obtusément arrondies à l'extrémité; noires, ornées chacune d'une tache rose, couvrant le tiers postérieur du bord externe, en arc un peu échancré dans son milieu à son bord antérieur, étendue à peu près jusqu'au quart interne de la largeur vers la partie antérieure de son bord interne qui est arrondi, échancrée assez profondément à partir de la moitié de ce bord. *Dessous du corps* noir sur les médi et postpectus sur le premier arceau ventral et sur la moitié médiaire du deuxième; d'un rouge jaune sur le reste. *Plaques abdominales* en arc rejoignant, vers le quart externe de sa largeur, le bord postérieur de l'arceau qu'elles suivent ensuite, et dont elles s'éloignent faiblement en se rapprochant du bord latéral. *Pieds* d'un rouge jaune.

PATRIE : Cuba, (collect. Chevrolat).

Page 956. — Après les observations qui suivent la description du *Scymnus tardus*, ajoutez.

Cette espèce paraît varier beaucoup; vraisemblablement il faut lui rapporter des individus qui peuvent être caractérisés de la sorte :

Elytres d'un rouge livide, ornées d'une bordure basilaire et d'une bordure externe prolongée jusqu'à la moitié, noires.

Chez l'un des exemplaires que j'ai eus sous les yeux, la tête et le prothorax sont d'un flave testacé, sans taches ; les élytres n'offrent que des traces incertaines d'une bordure ou tache suturale ; la bande marginale égale les trois septièmes de la largeur, est assez nettement limitée ; et l'extrémité semble offrir une bordure apicale nébuleuse. Chez l'autre exemplaire, la tête est noire ; le prothorax, d'un rouge testacé, marqué d'une tache noire liée au milieu de la base, à peine avancée jusqu'au bord antérieur ; les élytres offrent une bordure suturale noire, prolongée jusques au delà de la moitié, en se réduisant graduellement au rebord ; la bordure marginale est peu nettement limitée du côté interne ; l'extrémité des étuis n'offre point de traces d'une bordure apicale.

Patrie : le Brésil, (collect. Deyrolle).

Page 957.

11B. **Scymnus (Diomus) flexibilis.** *Suborbiculaire ; d'un flave roussâtre ou testacé sur la tête et le prothorax, d'un flave pâle sur les élytres : celles-ci marquées chacune de quatre points bruns ou brunâtres : l'un, presque commun, vers le cinquième de la suture : le deuxième, couvrant près de la base le deuxième cinquième de la largeur : le troisième, couvrant le quart médiaire de la largeur, vers la moitié de la longueur : le quatrième, petit, près de la suture, aux deux tiers.*

Long. 0m,0018 (4/5 l.) Larg. 0,0017 (3/4 l.).

Corps presque orbiculaire ; pubescent. *Tête*, *antennes*, *palpes* et *prothorax* d'un flave roussâtre ou testacé : le dernier parfois graduellement moins clair ou brunâtre sur son disque. *Elytres* d'un flave pâle ; ornées chacune de quatre points bruns : le premier, joignant la suture, vers le cinquième de la longueur, et constituant avec son semblable une tache commune : le deuxième, à peine moins petit, situé près de la base, couvrant le deuxième cinquième interne de la largeur : le troisième, le moins petit et le plus marqué, vers la moitié de la longueur, couvrant le quart médiaire de la largeur : le quatrième, petit, voisin de la suture, vers les deux tiers de la longueur. *Dessous du corps* et *pieds* d'un flave pâle ou testacé.

Patrie : les régions septentrionales de l'Inde, (collect. Deyrolle).

Obs. Les élytres paraissent très-flexibles ; les points sont bruns ou brunâtres : les premier, deuxième et quatrième, parfois peu marqués. Peut-être les exemplaires que j'ai eus sous les yeux n'avaient-ils pas leur coloration complète.

Page 957. — Après la description du *Scymnus (Diomus) tantillus*, ajoutez :

Obs. J'ai vu dans la collection de M. Deyrolle un Scymnien de la taille et de la forme du *S. tantillus*, d'un flave testacé sur la tête et sur le prothorax, d'un rouge testacé sur les élytres, et d'une manière graduellement plus pâle vers l'extrémité : les élytres, chargées d'une tache noire, commune aux deux étuis, presque en carré long, couvrant les deux cinquièmes de la longueur et à peu près les trois septièmes internes de la largeur de chaque élytre. *Dessous du corps* noir sur les médi et postpectus, d'un flave pâle ou livide sur le reste. *Pieds* d'un blanc flavescent.

Cet exemplaire qui semblerait constituer une espèce particulière (*Scy. micros*) est vraisemblablement l'état normal du *Sc. tantillus*. La tache noire des élytres ayant réuni la matière colorante obscure a rendu la tête et le prothorax plus pâles, et le même effet a été produit en dessous, par la concentration du pigmentum sur les médi et postpectus.

Patrie : les environs de Carthagène, découverte par M. Lebas.

Page 961.

21[B]. **Scymnus (Nephus) martis.** *Brièvement ovale : pubescent. Prothorax d'un rouge testacé. Elytres noires, ornées chacune d'une tache d'un rouge testacé, couvrant la partie postérieure jusqu'aux trois cinquièmes du bord externe, aux quatre septièmes du milieu des étuis, aux trois quarts de la suture.*

Long 0,0022 (1 l). Larg 0,0013 (3/5 l).

Corps brièvement ovale ; convexe ; pointillé ; pubescent. *Tête*, *antennes* et *palpes* d'un rouge testacé ou d'un fauve flavescent. *Prothorax* en angle très-ouvert dirigé en arrière et peu obtus au devant de l'écusson ; d'un fauve flavescent ou d'un rouge testacé, avec la partie antéscutellaire insensiblement moins claire ou un peu obscure. *Ecusson* et *élytres* noirs : celles-ci d'un rouge testacé, d'un rouge flavescent ou d'un fauve flavescent à l'extrémité : cette partie claire couvrant tout le bord postérieur, jusqu'aux trois quarts de la longueur de la suture, un peu anguleusement avancée jusqu'aux quatre septièmes ou presque jusqu'à la moitié des étuis vers le milieu de la largeur de chacun d'eux, et jusqu'aux trois cinquièmes du bord externe. *Dessous du corps* noir sur les médi et postpectus, brunâtre sur le premier arceau ventral, d'un roux jaune, sur les autres. *Plaques abdominales* incomplètes, prolongées jusqu'aux cinq sixièmes de l'arceau, oblitérées à leur côté externe, et rapprochées dans ce point du bord latéral. *Pieds* d'un flave roux.

PATRIE : l'Asie, (collect. Motschoulsky).

Page 964.

25[B]. **Scymnus (Nephus) bistillatus**. *Obtusément ovalaire ; pubescent ; d'un flave testacé, en dessus. Elytres ornées chacune d'une tache ponctiforme noire, située vers les deux tiers de la longueur, égale au moins dans ce point au quart de la largeur, séparée de la suture par un espace égal à la moitié de son diamètre.*

Long 0,0022 (1 l.). Larg. 0,0015 (3/4 l).

Corps obtusément ovalaire; convexe; pubescent; d'un flave testacé, en dessus. *Prothorax* prolongé au devant de l'écusson et sinué de chaque côté de cette partie, à la base. *Elytres* ornées chacune d'une tache noire ponctiforme, située vers les deux tiers de la longueur, égale au moins dans ce point au quart de la largeur, rapprochée de la suture, dont elle est séparée par un espace à peine égal à la moitié de son diamètre; offrant une étroite bordure suturale et une tache postscutellaire commune, obtriangulaire, nébuleuse, roussâtres : cette bordure et cette tache peu marquées et probablement d'autres fois nulles ou peut-être plus marquées. *Dessous du corps* d'un flave testacé, avec le postpectus et la moitié médiaire des deux premiers arceaux du ventre, noirs. *Plaques abdominales* prolongées jusqu'aux deux tiers de l'arceau, incomplètes à leur côté externe, rapprochées dans ce point du bord externe. *Pieds* d'un flave testacé.

PATRIE : l'Asie, (collect. Motschoulsky).

Page 973. — Après la description du *Scymnus nubilus,* ajoutez :

OBS. Quelquefois la bordure suturale noire ne dépasse pas la moitié de la longueur des élytres.

PATRIE : les régions boréales de l'Inde, (collect. Deyrolle).

Page 975.

47[B]. **Scymnus venalis.** *Ovale oblong ; pubescent. Prothorax d'un rouge testacé, non sinué de chaque côté de la partie médiaire de sa base. Elytres d'un flave fauve, ornées d'un bordure suturale brunâtre, couvrant d'une manière nébuleuse les deux tiers de la base.*

Long. 0,0039 (3/4 l.). Larg 0,0013 (2/5 l.).

Corps ovale oblong ; pubescent. *Tête* et *prothorax* d'un rouge testacé : celui-ci arqué en arrière et non bissinué de chaque côté de la partie médiaire de sa base. *Elytres* arrondies (prises ensemble) à leur partie postérieure ; d'un testacé flave, d'un fauve jaune ou d'un flave tirant sur le fauve, ornées d'une bordure suturale brune, peu nettement limitée, graduellement élargie d'arrière en avant, et couvrant la base d'un calus à l'autre, mais seulement d'une manière nébuleuse ou indécise. *Dessous du corps* d'un rouge testacé, moins clair ou plus obscur sur le milieu des médi et postpectus. *Pieds* d'un flave testacé ou d'un testacé pâle. *Plaques abdominales* prolongées environ jusqu'aux sept huitièmes de l'arceau.

Patrie : les provinces boréales de l'Inde, (collect. Deyrolle).

Obs. Cette espèce se distingue des précédentes, avec lesquelles elle a quelque disposition pour la couleur, par son corps plus allongé ; par par son prothorax non sinué postérieurement ; par ses élytres arrondies à l'extrémité.

Page 976.

α^b Plaques abdominales en ogive plus ou moins étroite (*G. Polius*).

48[B] **Scymnus (Polius) volgus.** *Ovale ; pubescent. Tête et prothorax d'un rouge jaunâtre. Élytres d'un noir verdâtre ; ponctuées. Dessous du corps et pieds d'un rouge jaune, avec les médi et postpectus et le premier arceau ventral, noirs.*

Long. 0,0026 (1 1/5 l.). Larg. 0,0019 (3/4 l.).

Corps ovale ; pubescent. *Tête, antennes, palpes* et *prothorax* d'un rouge jaune ou jaunâtre. *Élytres* marquées de points plus petits ; d'un noir légèrement verdâtre, avec le rebord postérieur peu distinctement rouge. *Dessous du corps* et *pieds* d'un rouge jaune : médi et postpectus et premier arceau ventral, noirs ou noirâtres : milieu des deuxième et troisième arceaux, obscur. *Plaques abdominales* en espèce d'ogive étroite, prolongées jusqu'aux quatre cinquièmes de l'arceau.

Patrie : les environs de Caracas, (collection Deyrolle).

Page 977. — Après la ligne 23, ajoutez :

ββ Prothorax non prolongé en arrière au devant de l'écusson.

Page 977.

50[B]. **Scymnus (Pullus) viaticus.** *Brièvement ovale ; pubescent. Prothorax bissinueux près de l'écusson; d'un fauve testacé graduellement plus obscur sur la partie médiaire de la base. Elytres et dessous du corps noirs. Pieds d'un rouge testacé.*

Long. 0,0016 (2/3 l.). Larg. 0,0011 (1/2 l.).

Corps brièvement ovale; convexe; pubescent. *Tête* noire : labre, *antennes* et *palpes* d'un rouge de fauve testacé. *Prothorax* tronqué au devant de l'écusson et sensiblement sinué de chaque côté de cette troncature, à la base ; au moins aussi grossièrement ou plus grossièrement ponctué que les élytres ; d'un fauve testacé graduellement plus obscur au devant de l'écusson, sur le tiers ou le quart médiaire de la base. *Élytres* noires ; pointillées ; obtusément tronquées à l'extrémité. *Dessous du corps* noir. *Pieds* d'un rouge testacé.

Patrie : le Brésil, (collection Deyrolle).

Page 978.

51[B]. **Scymnus (Pullus) o-nigrum.** *Ovale ; pubescent, d'un roux pâle ou d'un roux testacé en dessus et en dessous. Elytres ornées d'un signe brun ou noirâtre, commun aux deux étuis, en forme d'O ovale, prolongé depuis la base jusqu'aux trois cinquièmes de la longueur.*

Long. 0,0015 (2/3 l.). Larg. 0,0011 (1/2 l.).

Corps ovale ; médiocrement convexe ; pubescent ; d'un roux pâle ou d'un roux flave ou testacé, en dessus et en dessous. *Prothorax* sensiblement prolongé en arrière au devant de l'écusson, à la base, et sinué de chaque côté de cette partie. *Elytres* ornées chacune d'une bande de largeur uniforme, presque linéaire, arquée en dehors, naissant sur les côtés de l'écusson, prolongée jusqu'aux trois cinquièmes de la longueur où elle s'unit à la suture, constituant avec sa pareille une figure ovale ou une sorte d'*O* ovale, dépassant à peine les deux cinquièmes internes de la largeur, vers le milieu de sa longueur. *Plaques abominales* en demi-cercle, prolongées jusqu'aux cinq sixièmes de l'arceau.

PATRIE : les parties boréales de l'Inde, (collect. Deyrolle).

Page 980.

55[B]. **Scymnus (Pullus) xerampelinus.** *Ovale; pubescent; d'un roux livide ou testacé en dessus, d'une teinte un peu moins claire en dessous. Plaques abdominales prolongées jusqu'aux trois quarts ou quatre cinquièmes de l'arceau.*

Long. 0,0039 (1 3/4 l.) Larg. 0,0033 (1 1/2 l.).

Corps ovale ; pubescent ; d'un roux testacé ou d'un roux pâle en dessus. *Yeux* noirs. *Dessous du corps* et *pieds* d'un jaune rouge ou d'une teinte moins pâle que le dessus. *Plaques abdominales* en demi cercle régulier, prolongées jusqu'aux trois quarts ou quatre cinquièmes de l'arceau.

PATRIE : les provinces boréales de l'Inde, (collect. Deyrolle).

56[B] **Scymnus (Pullus) inclytus.** *Ovale, médiocrement pubescent; noir en dessus. Elytres ornées chacune d'un tache ovale-oblongue, d'un beau jaune, couvrant du cinquième ou presque du quart presque jusqu'aux deux tiers de la longueur, et des deux septièmes internes aux cinq sixièmes de la largeur. Pieds d'un jaune pâle.*

Long 0,0023 (1 l.). Larg. 0,0015 (3/5 l.).

Corps ovale ; garni de poils d'un blanc cendré médiocrement ou peu serrés; pointillé sur le prothorax, plus fortement pointillé sur les élytres; noir, en dessus. *Antennes* et *palpes* d'un flave testacé. *Prothorax* trois fois environ aussi large que long dans son milieu ; tronqué ou obtus au devant de l'écusson et peu sinué de chaque côté de cette partie. *Elytres* en ogive à l'extrémité ; un peu granuleuses ; ornées chacune de deux taches en ovale oblong ; d'un beau jaune, couvrant du cinquième ou plutôt presque du quart jusqu'aux trois cinquièmes ou presque deux tiers de la longueur et des deux septièmes aux cinq sixièmes de la largeur. *Dessous du corps* noir. *Pieds* d'un jaune pâle. *Plaques abdominales* en ogive obtuse et irrégulière, prolongées jusqu'à la moitié de l'arceau.

PATRIE : le Brésil, (collect. Deyrolle).

Page 982.

60^B^. **Scymnus (Pullus) pallidivestis**. *Ovale ; pubescent ; d'un roux testacé, en dessus. Elytres ornées d'une tache basilaire scutellaire, brune, commune aux deux étuis, couvrant la base jusqu'au calus, obtriangulaire, prolongée à peine jusqu'à la moitié de la suture.*

Long. 0,0018 (7/8 l.). Larg. 0,0010 (9/20 l.),

Corps ovale; médiocrement convexe; pubescent; d'un roux testacé en dessus. *Prothorax* de même couleur, obtus et à peine prolongé au devant de l'écusson, très-légèrement sinué de chaque côté de cette partie, à la base. *Elytres* d'un roux testacé, ornées d'une tache scutellaire, commune aux deux étuis, brune, couvrant la base jusqu'au calus, rétrécie en forme de triangle dirigé en arrière et prolongé jusqu'aux trois septièmes ou à peine la moitié de la suture. *Dessous du corps* brun ou noirâtre sur les parties pectorales, un peu moins obscur sur le ventre, surtout vers l'extrémité de celui ci. *Plaques abdominales* en arc un peu ogival, prolongées jusqu'aux trois cinquièmes ou à peine jusqu'aux deux tiers de l'arceau. *Pieds* d'un roux testacé.

PATRIE : l'Egypte, (collect. Motschoulsky).

OBS. Cette espèce se rapproche par sa forme du *Scymnus discoideus* et de quelques autres espèces voisines. Elle se distingue des uns par la couleur de son prothorax, des autres par ses plaques abdominales dépassant à peine les trois cinquièmes de l'arceau, de la plupart par le peu de développement de la tache scutellaire.

Page 983.

61[B]. **Scymnus (Pullus) anomus**; MULSANT et REY.

Scymnus (Pullus) anomus, MULS. et REY, Descript., etc., *in* Mémoires de l'Acad. des sciences, belles-lettres et arts de Lyon, t. 3 (sciences), 1852, p. 222. — MULSANT, Opusc. entom 2e cahier p.87.

PATRIE : Hyère (Var).

Page 984.

63[B]. **Scymnus (Pullus) alpestris**; MULSANT et REY.

Scymnus (Pullus) alpestris, MULS. et REY, Descript., etc., *in* Mémoires de l'Acad. des sc. bell.-lett, et arts de Lyon t. 2 (sciences), 1852, p, 221. — MULS. Opusc. entom. 2e cahier p. 86.

PATRIE : les environs de Briançon (Hautes-Alpes).

Page 985.

64[B]. **Scymnus (Pullus) melanogaster**. *Ovale; pubescent. Prothorax d'un rouge orangé. Elytres noires, ornées à l'extrémité d'une bordure d'un rouge testacé. Dessous du corps noir. Pieds d'un rouge testacé.*

Long. 0,0022 (1 l.). Larg. 0,0015 (2/3 l.).

Corps ovale; pubescent. *Tête, antennes, palpes, prothorax* et *écusson* d'un rouge orangé. *Elytres* noires, parées à l'extrémité d'une courte bordure rouge ou d'un rouge testacé. *Dessous du corps* noir. *Pieds* d'un rouge testacé. *Plaques abdominales* prolongées jusqu'aux trois quarts environ de l'arceau.

PATRIE : les environs de Caracas (Colombie), (collect. Deyrolle).

Page 986.

66[B]. **Scymnus (Pullus) pallidicollis**. *Ovale; pubescent. Prothorax d'un flave roux. Elytres noires, sur leurs trois cinquièmes basilaires, d'un flave roux ou d'un roux flave sur le reste. Pieds d'un blanc roussâtre.*

Long. 0,0019 (7/8 l.). Larg. 0,0011 (1/2 l.).

Corps ovale; pubescent. *Tête* et *prothorax* d'un roux blanchâtre ou d'un flave roussâtre. *Ecusson* noir. *Élytres* de même couleur jusqu'aux trois cinquièmes de la longueur, d'un flave roux ou d'un roux pâle, postérieurement ; la partie noire, terminée en ligne à peu près droite à sa partie postérieure, mais un peu plus prolongée en arrière près du bord latéral. *Dessous du corps* noir sur les médi et postpectus et sur la partie médiaire des deux premiers arceaux du ventre, d'un flave roussâtre sur le reste du ventre et sur l'antépectus. *Plaques abdominales* en arc un peu obtus, prolongées jusqu'aux deux tiers ou un peu plus de l'arceau, aboutissant près du bord externe, vers la base du premier arceau.

PATRIE : l'Asie, (collect. Motschoulsky).

OBS. Cette espèce se rapproche du *S. analis* par sa coloration, mais elle s'en distingue par une taille plus petite, par son prothorax entièrement de couleur claire, par ses élytres de même teinte sur une plus grande partie de leur surface.

OBS. Quand nous voyons sur nos Scymniens d'Europe, chez le *pygmæus*, par exemple, la couleur rouge avoir un développement si variable, on peut concevoir toute la difficulté qu'on éprouve à établir les limites précises des espèces, chez ces Coccinellides exotiques, dont on n'a souvent sous les yeux qu'un exemplaire. J'ai déjà signalé les embarras que j'ai éprouvés pour la détermination d'individus paraissant se rattacher soit au *S. creperus* n° 66, soit à l'*apicalis* n° 71. On peut en dire autant des *S. auritulus* n° 65, *fastigiatus* n° 70 et *chatchas* n° 69. Ces espèces méritent un nouvel examen, qui ne peut être fait que sur les lieux. Les observations locales sur les variations de la couleur de leur robe, en feront probablement restreindre le nombre. La forme et la longueur des plaques seront alors un des moyens les plus sûrs pour faciliter la distinction des espèces.

67[B]. **Scymnus (Pullus) pyrocheilus**. *Ovale; pubescent. Prothorax d'un rouge testacé, orné d'une tache noirâtre, en demi-cercle, couvrant le tiers médiaire de la base. Elytres noires jusqu'aux trois cinquièmes ou un peu plus du bord externe et aux deux tiers de la suture, d'un rouge testacé postérieurement. Plaques abdominales terminales*

Scymnus pyrocheilus, Perroud *in* collect.

Long. 0,0028 (1 1/4 l.) Larg. 0,0016 (3/4 l.).

Corps ovale; médiocrement convexe; pubescent. *Tête, antennes* et *palpes*, d'un roux testacé. *Prothorax* tronqué et prolongé en arrière au devant de l'écusson, et sensiblement sinué de chaque côté de cette partie tronquée, à la base; d'un rouge testacé, marqué d'un tache noire ou noirâtre, couvrant le tiers médiaire de la base, semi-circulaire, avancée jusque près du bord antérieur, peu nettement limitée, plus foncée près de la base, moins obscure dans sa périphérie. *Ecusson* noir. *Élytres* noires, avec l'extrémité d'un rouge testacé: offrant à l'extrémité une ligne transversale oblique, couvrant jusqu'aux trois cinquièmes ou un peu moins du rebord externe et jusqu'aux deux tiers ou un peu moins de la suture. *Dessous du corps* noir sur les médi et postpectus, d'un rouge testacé sur l'antépectus et sur le ventre: partie antéro-médiaire de celui-ci obscure. *Plaques abdominales* prolongées jusqu'au bord de l'arceau. *Pieds* d'un rouge testacé.

Patrie: Calcutta, (collect. Perroud).

Obs. Cette espèce a quelque analogie avec le *Sc. analis*; elle s'en distingue facilement par ses plaques abdominales terminales et par la teinte moins jaune des parties colorées en rouge.

Page 988. — Après les observations qui terminent la description du *Scymnus apicalis*, ajoutez:

J'ai vu dans la collection de M. Deyrolle un Scymnien qui semblerait constituer une espèce distincte *(S. plorans)*, mais qui n'est vraisemblablement qu'une variété du *Sc. apicalis*. Il peut être caractérisé ainsi :

Noir en dessus et en dessous, avec les deux derniers arceaux du ventre et les deux pieds postérieurs, d'un fauve testacé. Plaques abdominales prolongées jusqu'aux cinq sixièmes de l'arceau.

PATRIE : Caracas.

71[B]. **Scymnus (Pullus) plutonus.**

Brièvement ovale ; convexe ; pubescent. *Tête* d'un rouge testacé (♂) ; noire, avec la bouche d'un rouge testacé (♀). *Prothorax* noir, avec les angles antérieurs (♀) ou les côtés, sur le sixième de la largeur, et quelquefois le bord antérieur, d'un rouge testacé. *Elytres* noires, avec le bord postérieur brièvement et souvent peu distinctement d'un rouge testacé. *Dessous du corps* noir : trois derniers arceaux du ventre d'un rouge testacé. *Pieds* de cette dernière couleur. *Plaques abdominales* prolongées jusqu'aux cinq sixièmes de l'arceau.

PATRIE : Madagascar, (collect. Deyrolle).

OBS. Cette espèce a beaucoup d'analogie avec le *Sc. apicalis* ; mais elle a le corps proportionnellement plus court et plus convexe.

Page 989.

72[B]. **Scymnus (Pullus) guttifer.** *Brièvement ovale ; pubescent ; noir, avec les palpes maxillaires, les jambes, les tarses et deux taches sur chaque élytre, d'un rouge testacé : l'une arrondie, couvrant du cinquième interne aux trois cinquièmes de la largeur, et des trois cinquièmes environ aux quatre cinquièmes ou un peu plus de la longueur : l'autre, moins apparente, en forme de bordure, naissant vers l'angle postéro-externe, non prolongée jusqu'à l'angle sutural.*

Long. 0 0021 (1 l.). Larg. 0,0015 (2/3 l.).

Corps brièvement ovale; médiocrement convexe et garni d'un duvet cendré médiocrement épais, en dessus. *Tête* noire. *Palpes maxillaires* d'un rouge testacé. *Prothorax* noir ; élargi presque en ligne droite d'avant en arrière sur les côtés; subarrondi aux angles postérieurs; en arc dirigé en arrière, à la base. *Ecusson* en triangle presque équilatéral; noir *Elytres* élargies en ligne un peu courbe jusqu'au quart, presque parallèles ensuite, obliquement coupées à leur partie postérieure, à bord externe d'un cinquième moins long que la suture; noires, parées chacune d'une tache et d'une bordure rouges ou d'un rouge testacé: la tache, arrondie, couvrant du cinquième interne aux trois cinquièmes de la largeur : et des trois cinquièmes environ aux quatre cinquièmes de la longueur: la bordure, naissant vers l'angle postéro-externe ou un peu avant, non prolongée jusqu'à l'angle sutural, parfois peu distincte. *Dessous du corps* noir: bord postérieur du dernier arceau rougeâtre. *Plaques abdominales* complètes, prolongées jusqu'aux trois quarts environ de l'arceau. *Pieds*: cuisses, noires: *jambes* et *tarses* d'un rouge testacé.

Cette espèce a été trouvée dans les environs de Narbonne (Aude) par M. le capitaine Godart.

Je n'ai vu que l'un des sexes.

Page 989.

74[B]. **Scymnus(Pullus) thelys.** *Ovale; pubescent; noir en dessus: côtés du prothorax d'un rouge testacé. Dessous du corps noir. Pieds d'un rouge testacé.*

Long. 0,0022 (1 l.). Larg. 0,0015 (2/3 l.).

Corps ovale; pubescent. *Tête* noire: labre rougeâtre. *Prothorax* noir; avec les côtés d'un rouge testacé plus ou moins obscur sur les côtés : cette bordure étendue en devant jusqu'à la sinuosité postoculaire, d'une largeur à peu près égale. *Elytres* noires, avec le rebord postérieur peu distinctement rouge testacé. *Dessous du corps* noir. *Pieds* d'un rouge testacé.

PATRIE : le Yucatan, (collect. Deyrolle).

Page 1000. — Avant le genre Bucolus, mettez :

Genre *Cœlopterus*. COELEOPTÈRE, Mulsant et Rey.

CARACTÈRES. *Repli des élytres* creusé de fossettes. *Jambes* antérieures grêles, etc.

1. **C. Salinus** ; MULSANT et REY, Descript., etc., *in* Mémoires de l'Acad. des sciences, bell -lett. et arts de Lyon t. 2 (sciences), 1852), p. 224. — MULSANT, Opusc. entom. 2° cahier p. 89.

PATRIE : le midi de la France.

2. **Bucolus sollicitus**. *Suborbiculaire ; pubescent. Noir ou d'un noir légèrement bronzé, en dessus. Ventre d'un rouge fauve obscur.*

Bucolus sollicitus, PERROUD, *in* collect.

Long. 0,0039 (1 3/4 l.). Larg. 0,0033 (1 1/2 l.).

Corps suborbiculaire ; peu convexe ; pointillé ; pubescent. *Tête* d'un brun noir : labre, *palpes* et *antennes* d'un brun rouge. *Prothorax* arqué en arrière à la base, tronqué ou obtus au devant de l'écusson et légèrement sinué près de celui-ci ; noir ou d'un noir légèrement bronzé. *Elytres* de même couleur. *Dessous du corps* brun sur la poitrine, d'un rouge brun ou d'un rouge fauve obscur sur le ventre. *Pieds* bruns ou d'un brun noir.

PATRIE : Cayenne, (collect. Perroud).

Page 1001.

LES RHIZOBIAIRES.

Ligne 6, après *Antennes* allongées, supprimez : de onze articles.

Ligne 13, modifiez de la manière suivante le tableau :

			GENRES.
Yeux	subarrondis, échancrés vers le milieu de leur côté interne par des joues transversalement dirigées.		*Hazis.*
	obliques, bordés plutôt qu'échancrés par les joues à leur partie antérieure ou interne antérieure.	Antennes de dix articles. Elytres élargies à partir des épaules jusqu'au quart au moins de la longueur	*Platyomus.*
		Antennes de onze articles.	*Rhizobius.*

Page 1002. — Avant le genre *Rhizobius* ajoutez :

Genre *Platyomus*, PLATYOME.

(Πλατυς, large ; ὦμος, épaule.)

CARACTÈRES. *Prothorax* assez faiblement échancré en arc rentrant en devant ; à sinuosités postoculaires peu prononcées. *Yeux* obliques, à grosses facettes. *Antennes* plus longuement prolongées que la moitié des côtés du prothorax ; de dix articles : le premier, le plus gros : le deuxième, plus étroit et court : le troisième, plus long que le quatrième : celui-ci et les suivants jusqu'au septième, presque filiformes : les trois derniers constituant une massue obtriangulaire. *Elytres*, en devant, de la largeur du prothorax à ses angles postérieurs ; élargies en ligne courbe à partir des épaules jusqu'au quart ou au tiers, non tronquées à leur extrémité. *Plaques abdominales* complètes, non prolongées jusqu'au bord de l'arceau. *Ongles* munis d'une dent basilaire.

1. **Platyomus Forestieri.** *Brièvement ovale ; noir ; hérissé d'un duvet d'un blanc cendré, peu épais et un peu laineux, en dessus : labre, antennes et palpes, d'un rouge testacé livide : ventre d'un roux testacé. Repli un peu plus large vers le tiers. Plaques abdominales prolongées jusqu'aux deux tiers de l'arceau.*

Long. 0,0036 à (1 2/3 l.). Larg. 0,0028 (1 1/4 l.).

Corps brièvement ovale ; médiocrement convexe ; noir, et hérissé d'un duvet cendré peu épais, en dessus. *Tête* pointillée ; noire : *labre, antennes* et *palpes*, d'un rouge testacé livide. *Prothorax* arrondi aux angles de devant, parallèle ensuite ; en angle très-ouvert et tronqué au devant de l'écusson, à la base ; deux fois et quart aussi large à cette dernière que long sur son milieu ; noir, pointillé. *Ecusson* assez petit ; noir ; triangulaire. *Elytres* élargies en ligne courbe jusqu'au quart ou un peu plus de la longueur, assez faiblement rétrécies ensuite jusqu'aux deux tiers, en ogive postérieurement ; médiocrement convexes ; un peu moins finement ponctuées que le prothorax ; hérissées comme lui d'un duvet cendré ou cendré blanchâtre, un peu laineux et peu épais : *repli* noir ; faiblement et graduellement plus large depuis la base jusqu'au tiers, progressivement rétréci ensuite jusqu'aux deux tiers, réduit à la tranche postérieurement. *Dessous du corps* noir : ventre d'un roux testacé. *Plaques abdominales* complètes, en ogive un peu obtuse, aboutissant à leur côté interne au niveau du côté interne des postépisternums ; prolongées jusqu'aux deux tiers environ de l'arceau. *Pieds* noirs : sole des tarses rougeâtre.

PATRIE : l'Australie, (collect Perroud).

J'ai dédié cette espèce à M. l'abbé Forestier, prêtre mariste, qui continue à explorer avec zèle les îles de l'Océanie.

2. **Platyomus lividigaster.** *Assez brièvement ovale ; médiocrement convexe ; pubescent ; noir. Prothorax paré de chaque côté d'une bordure ovale, égale dans son milieu au tiers de la largeur, d'un flave testacé : labre, antennes, palpes, antépectus et ventre, de même couleur.*

Long. 0,0045 (2 l.) Larg. 0,0033 (1 1/2 l.).

Corps assez brièvement ovale; médiocrement convexe; pubescent. *Tête* noire: labre, *antennes* et *palpes*, d'un rouge testacé livide. *Prothorax* en angle très-ouvert, tronqué au devant de l'écusson et à peine sinué de chaque côté de cette troncature, à la base; une fois au moins plus large à cette dernière que long sur son milieu; noir, avec les côtés largement d'un flave rougeâtre ou d'un rouge flave livide: la partie noire aussi large en devant que l'espace compris entre les yeux, rétrécie en arc dans son milieu, égale dans ce point au tiers environ de la largeur, couvrant la moitié médiaire de la base, laissant de chaque côté une tache pâle, en ovale tronqué à ses extrémités. *Ecusson* noir. *Élytres* brièvement ovales, assez renflées dans leur milieu, élargies en ligne courbe jusqu'à celui-ci, à partir de l'angle huméral, en ogive dans leur seconde moitié; noires: *repli* de même couleur. *Dessous du corps* noir sur les médi et postpectus, d'un flave testacé ou d'un rougeâtre flave livide sur l'antépectus et sur le ventre. *Plaques abdominales* en demi-cercle, prolongées jusqu'aux trois cinquièmes ou deux tiers de l'arceau. *Pieds* noirs: jambes et tarses antérieurs d'un flave testacé, au moins chez l'un des sexes.

PATRIE: l'Australie, (collect. Deyrolle).

Page 1045. — **Pharus Brouzeti.** Lisez: **Rouzeti.**

Même correction ligne 20.

ADDENDA.

Page 62, du Spécies.

14. **Adalia deficiens**. Cette espèce, ainsi que je l'avais dit, varie beaucoup. Voici quel paraît être l'état normal des élytres, d'après un exemplaire plus complet que ceux que j'avais eus sous les yeux.

ETAT NORMAL. *Elytres* d'un jaune orangé ou d'un jaune rouge, ornées chacune à la base d'une tache flave ou d'un blanc flavescent, en ovale transversal, étendue depuis l'écusson presque jusqu'au milieu de la largeur de la base; ornées d'une bordure apicale étroite, de même couleur, remontant le long de la suture jusqu'au huitième postérieur; parées d'une bordure suturale et chacune de trois bandes transversales, et d'une bande longitudinale, noires : la bordure suturale, un peu inégale, égale environ au huitième de la largeur de chaque étui : la première bande, étendue depuis la bordure suturale jusqu'au calus, au devant duquel elle s'avance jusqu'à la base, servant à enclore la tache d'un blanc flavescent: la deuxième bande, irrégulière, naissant vers le milieu de la bordure suturale, obliquement dirigée d'arrière en avant jusqu'au milieu de la largeur, où elle forme en devant une saillie anguleuse, continuée jusqu'au rebord marginal par une sorte de tache presque en carré transverse dont l'angle postéro-interne fait saillie en arrière: la troisième bande, transversale, subapicale, séparée de l'extrémité par l'étroite bordure blanche, étendue depuis la bordure suturale jusqu'au bord externe : la bande longitudinale, servant à lier la bande transversale antérieure à la seconde, depuis le calus jusqu'à la partie anguleusement avancée, vers le milieu de la largeur de la seconde bande : ce réseau, divisant la surface de chaque élytre en trois aréoles d'un jaune orangé : la première, un peu irrégulièrement élargie d'avant en arrière, prolongée depuis l'épaule jusqu'au milieu de la longueur : la deuxième, obliquement ovalaire ou elliptique, située entre la bande antérieure, la bordure suturale, la bande longitudinale et la deuxième bande transversale : la troisième, transverse, comme formée de deux taches incomplètement séparées : l'interne, subarrondie, plus grosse, joignant la bordure suturale : l'externe, plus petite, presque en carré transverse, joignant le bord externe.

La phrase diagnostique devrait donc être modifiée de la manière suivante :

Ovale ou brièvement ovale. Prothorax noir, bordé de blanc flavescent en devant et sur les côtés. Elytres d'un jaune orangé, ornées chacune d'une tache basilaire et juxta-scutellaire d'un blanc flavescent et d'une bordure apicale de même couleur; parées d'une bordure suturale et chacune de trois bandes transverses liées à la suturale, noires : l'anté-

rieure, étendue jusqu'au calus, en enclosant la tache blanche: la deuxième, parfois étendue jusqu'au bord externe, anguleuse en devant dans son milieu, et liée dans ce point par une bande longitudinale à l'antérieure : la troisième subapicale : la bordure suturale et la première tache, parfois réduites à une tache suturale subcordiforme : les autres, souvent incomplètes ou nulles.

Page 151.

Calvia? pallideguttata. *Ovalaire. Tête, prothorax, dessous du corps et pieds d'un roux testacé. Elytres brunes ou noirâtres, ornées chacune de quatre taches d'un blanc sale ou flavescent disposées en carré allongé: la première, obliquement ovale: la deuxième, subarrondie: les deux postérieures, oblongues, dirigées postérieurement d'une manière un peu convergente.*

Long. 0,0059 (2 2/3 l.).

Corps ovalaire. *Tête, antennes, palpes* et *prothorax* d'un roux testacé peu ou point luisant : le dernier à peine arqué sur les côtés; presque en demi-cercle dirigé en arrière, à la base; d'un quart à peine plus long dans le milieu de celle-ci que sur les côtés; superficiellement pointillé. *Ecusson* d'un roux testacé. *Elytres* marquées de points peu rapprochés et assez petits; brunes ou noirâtres; ornées chacune de quatre taches d'un blanc sale ou flavescent: la première, en ovale obliquement dirigé d'avant en arrière, de dedans en dehors, du huitième juxta-sutural aux deux cinquièmes de la largeur, couvrant du dixième au quart à peine de la longueur: la deuxième, presque arrondie, de moitié moins antérieure et de moitié plus postérieure, située entre la première et le bord externe: la troisième, longitudinalement oblongue, une fois au moins plus longue que large, à peine aussi voisine de la suture, étendue jusqu'au tiers de la largeur, couvrant à peu près depuis la moitié jusqu'à un peu plus des deux tiers de la longueur: la quatrième, de forme à peu près semblable, un peu moins longue, dirigée d'avant en arrière, d'une manière un peu convergente vers la précédente, située entre celle-ci et le bord externe. *Dessous du corps* et *pieds* d'un roux testacé ou d'un roux flave.

Patrie : l'Asie, (collect. Chevrolat).

Obs. L'individu était en assez mauvais état pour laisser en doute s'il appartient au genre *Calvia* ou à l'un des genres voisins. Dans tous les cas, il appartient aux Halyziaires,

Page 503.

Pentilia? testivestis. *Hémisphérique, d'un roux testacé, en dessus: tranche des élytres translucide sur ses bords.*

Long. 0,0030 (1 2/5 l.). Larg. 0,0026 (1 1/5 l.).

Corps hémisphérique ; d'un roux testacé ; luisant, en dessus. *Tête, antennes et palpes* d'un roux testacé. *Prothorax* en demi-cercle dirigé en arrière, et sensiblement sinué de chaque côté de sa partie médiaire, à la base ; une fois environ plus long dans son milieu que sur les côtés. *Elytres* munies d'une tranche subhorizontale, assez étroite, translucide sur ses bords; moins finement ponctuées que le prothorax : ces points formant près de la suture une rangée irrégulière et nébuleuse. *Dessous du corps* et *pieds* d'un roux testacé plus pâle que le dessus.

Patrie ? (collect. Motschoulsky)

Obs. L'insecte était collé et tellement englué que je n'ai pu voir les plaques abdominales et savoir si l'espèce appartient au genre *Pentilia* ou à celui de *Lotis*.

Page 1072. — 2e ligne de la table, après **Pentiliaire**, ajoutez : *Pentilia*.

ESPÈCES QUI ME SONT INCONNUES

ou dont je ne puis assigner la place précise.

Coccinella cardinalis, ERICHSON. Hemisphærica, nigra, fronte prothoracisque macula magna laterali albis, elytris rufis, margine laterali dilatato summo nigro.

ERICHSON, Conspectus ins. Coleopt. peruan. (*in* ERICHSON'S Archiv, t. 13 1e part p. 182. 2.

Long. 0,0090 (4 l.).

PATRIE : le Pérou.

OBS Peut-être se rattache-t-elle à mon genre *Neda*.

C. ostrina, ERICHSON Hemisphærica, nigra, capite albo, vertice nigro, prothorace macula magna laterali, lineola brevi longitudinali margineque apicalibus albis; elytris rufis, margine laterali dilatato suturaque nigris, basi summa alba; femoribus tibiisque anterioribus anticè albis.

Variat elytrorum limbo marginali suturalique nigro jàm tenui obsoletoque, jàm distincto et limbo suturali ad basin dilatato.

ERICHSON, Conspect. ins. Coleop. peruan. (Archiv. t. 13 1e part. p, 182. 3.

PATRIE : le Pérou.

OBS. Peut-être faut-il rapporter encore cette espèce au genre *Neda*.

C. arcula, ERICHSON. Subovalis, leviter convexa, nigra, fronte maculis duabus, prothorace margine laterali anterioreque et punctis duobus disci albis, coleoptris flavis, fasciis duabus nigris latis, extus abbreviatis, anteriore utrinque basin versus adscendente, posteriore secundum suturam ad apicem usque dilatata.

ERICHSON, Conspect. ins. Coleopt. peruan (Arch. t. 13 1e part. p. 182. 5).

Long. 0,0059 (1 2/3 l.).

PATRIE : le Pérou.

Obs. Peut-être cette espèce doit-elle trouver place dans le genre *Coccinella*, près de la *C. ancoralis*.

Hyperaspis regularis, Erichson. Breviter ovalis, convexa, supra nigra, nitida, capite prothoracis apice sinuato elytrorumque maculis septem : 2, 2, 2, 1, flavis ; infra testacea, pectore fusco, pedibus flavis.

Erichson, Conspectus ins. Col. per. (Arch. t. 13 1e part. p. 183. 1).

Long. 0,0028 (1 1/4 l.).

Patrie : le Pérou.

Obs. Elle se rapporte probablement à mon genre *Cleothera*.

Epilachna velata, Erichson. Hemisphærica, nigra, supra dense cinereo-pubescens, pube erecta; labro prothoracisque angulis anterioribus albis; elytris obscure castaneis, limbo exteriore lato suturaque tenui nigris.

Erichson, Conspectus, etc., loc. cit. p. 183. 1.

Long. 0,00112 (5 l.).

Patrie : le Pérou.

Variat elytris omnino nigris.

Obs. Cette Epilachne rentre probablement dans ma division N.

E. præcincta, Erichson. Nigra, supra dense cinereo-pubescens, pube brevi, erecta ; capite albo, fronte nigra ; prothorace flavo-marginato ; elytris obscure castaneis margine exteriore flavo, limbo intramarginali suturaque nigris ; pedum geniculis, tibiis tarsisque flavis.

Erichson, Conspectus, etc., loc. cit. p. 183. 2.

Long. 0,0090 (4 l.).

Patrie : le Pérou.

Obs. Cette espèce se rattache probablement à ma division M.

E. peltata, Erichson. Hemisphærica, nigra, supra subtiliter cinereo-pubescens, coleopteris disco badio, margine laterali dilatato, antennis articulis 2-5 albidis.

Erichson, Conspectus, etc., loc. cit. p. 183. 3.

Long. 0,0078 (2 1/2 l.).

Patrie : le Pérou.

Obs. Cette Epilachne et quelques-unes des suivantes à élytres dilatées se rattachent vraisemblablement à ma division A.

E. discoida, Erichson. Hemisphærica, fortiter convexa, infra nigra, supra nigro cœrulea, cinereo-pubescens, pube longiore erecta; coleopteris disco rufo, antennis albis.

Erichson, Conspectus, etc., loc. citat. p. 183. 4.

Long. 0,0067 (3 l.).

Patrie : le Pérou.

E. fenestrata, Erichson. Hemisphærica, nigra, supra dense cinereo-pubescens, elytris margine laterali dilatato, nigro-cœruleis, maculis duabus magnis flavis.

Erichson, Conspectus, etc., loc. cit. p. 183. 6.

Long. 0,0061 (2 3/4 l.).

Patrie : le Pérou.

E. discolor, Erichson. Subhemisphærica, nigra, supra subtiliter cinereo-pubescens; coleopteris nigro-cœruleis, disco maximo flavo-testaceo; utroque elytro plaga media eburnea.

Erichson, Conspectus etc., loc. citat. p. 184. 7.

Long. 0,0090 (4 l.).

Patrie : le Pérou.

E. dorsigera, Erichson. Ovata, subcompressa, nigra, supra subtiliter cinereo-pubescens; coleopteris margine humerali dilatato, cœruleis, disco lato ferrugineo: utroque elytro maculis duabus rotundatis disci eburneis.

ERICHSON, Conspectus, etc., loc. citat. p. 184. 8.

Long. 0,0100 (4 1/2 l.).

PATRIE : le Pérou.

E. dives. ERICHSON. Ovata, convexa, infra nigra, supra nigro-cœrulea, subtiliter cinereo-pubescens, pube brevi erecta; elytris margine humerali dilatato, cyaneis, maculis duabus flavis, mediocribus dorsalibus

ERICHSON, Conspectus, etc., loc. cit. p. 184. 8.

Long. 0,0090 à 0,0112 (4 à 5 l.).

PATRIE : le Pérou.

E. lepida, ERICHSON. Ovata, subcompressa, nigra, subtiliter cinereo-pubescens, pube brevi, erecta; elytris violaceis, maculis duabus flavis rotundatis, anteriore prope humerum, posteriore ante apicem prope marginam sitis.

ERICHSON, Conspectus, etc, loc. cit. p. 184. 11.

Long. 0,0090 (4 l.).

PATRIE : le Pérou.

E. fausta, ERICHSON. Ovata, convexa, nigra, supra nigro-cœrulea, dense cinereo-pubescens, pube brevi, depressa; elytris margine humerali dilatato, maculis duabus flavis, anteriore prope scutellum sita, subovata, mediocri, posteriore ante apicem sita, mediocri, magna, transversa.

ERICHSON, Conspectus, etc., loc citat. p. 184. 12.

Long. 0,090 (4 l.).

PATRIE : le Pérou.

E. pruinosa, ERICHSON. Ovata, subcompressa, nigra, supra et pube densa brevi depressaque cinereo-pruinosa; elytris margine humerali dilatato, viridi cœruleis, maculis duabus luteis, mediocribus, oblongis, anteriore prope basin ad suturam, posteriore obliqua ad marginem prope apicem sitis.

ERICHSON, Conspectus, etc., loc. cit. p. 184. 13.

Long. 0,0090 (4 l.)

PATRIE : le Pérou.

E. venusta, ERICHSON. Oblonga, infra nigra, supra nigro-cœrulea, subtiliter cinereo-pubescens; elytris convexis, cœruleis, opacis, e pube brevissima cinereo-pruinosis, maculis duabus eburneis, minutis, rotundatis, anteriore dorsali, posteriore sublaterali.

ERICHSON, Conspectus, etc., loc. citat. p. 184. 14.

Long. 0,0081 (3 2/3 l.).

PATRIE : le Pérou.

Scymnus rubicundus, ERICHSON. Orbicularis, convexus, cinereo-pubescens, niger, dense punctatus, capite, prothoracis lateribus elytrorumque limbo apicali pallidis, elytrorum disco, abdominis apice pedibusque rufis.

ERICHSON, Conspectus, etc., loc. citat. p. 185. 1.

Long. 0,0022 (1 l.).

PATRIE : le Pérou.

ERRATA.

Page 36 du Supplément, ligne 7, au lieu de : 2. **B. Brahmae**, lisez : 2. **B. Dianae**.

Page 95, ligne 4, au lieu de : 35 **Cleothera serval**, lisez. 55 **Cleothera serval**.

TABLE

PAR ORDRE ALPHABÉTIQUE.

ADDENDA.

TABLEAU MÉTHODIQUE

DES

COLÉOPTÈRES TRIMÈRES SÉCURIPALPES.

Décrits par E. Mulsant.

1er Groupe. — **GYMNOSOMIDES.**

1re Famille. — **Coccinelliens** (1re Division).

1re Branche. — **Hippodamiaires.**

ERIOPIS, *Muls.*

Opposita (*Chevrol*), *Guer.*	Chili.
Eschscholtzii, *Muls.*	*Id.*
Connexa, *Germ.*	Amérique méridionale, Californie.
Heliophila, *Muls.*	Equateur.

HIPPODAMIA, *Chevrol.*

{ Tredecim-punctata, *Linné.*	Europe, Amér. du nord.
{ *Var. Xanthoptera* (*Mannerh.*), *Muls.*	Russie d'Asie, Perse.
Lecontii, *Muls.*	Amér. mérid.
Racemosa, *Muls.*	?.
Septem-maculata (*Linné*), de *Geer.*	Europe cent. et septent.
Quinque-signata, *Kirby.*	Amér. boréale.
Extensa, *Muls.*	Californie septent.
Glacialis, *Fabr.*	Amér. septent.
Quindecim-maculata (*Dej.*), *Muls.*	Amér. septent.
Convergens (*Klug*), *Guer.*	Amér. du nord.
Sinuata (*Motschoulsky*), *Muls.*	Californie.

MEGILLA, *Muls.*

Innotata (*Klug.*), *Muls*	Antilles.
Quadrifasciata (*Schoen.*), *Thumb.*	Brésil, Monte-Video.

Octodecim-pustulata (*Dej.*), *Muls.* — Amér. mér.
Maculata, *de Geer.* — Amér. mér. et sept.

NAEMIA, *Muls.*

Litigiosa (*Latr.*), *Muls.* — Colomb., Mex., Etats-Unis.
Vittigera, *Mannerh.* — Mex., Califor.
Episcopalis, *Kirby.* — Amér. du nord.

2ᵉ Branche. — **Coccinellaires.**

1ᵉʳ Rameau. — **Adoniates.**

ANISOSTICTA, *Chevr.*

Novemdecim-punctata, *Linné.* — Europe et Asie occident.

ADONIA, *Muls.*

Doubledeayi, *Muls.* — Indoustan ?
Mutabilis, *Scriba.* — Europe, Algérie, Sénégal.
Parenthesis (*Melsh.*), *Say.* — Amér. septent.
Amœna, *Falderm.* — Sibér. orient.
Arctica (*Payk.*), *Schneider.* — Laponie
Strigata. *Westm.* — Laponie.

HYSIA, *Muls.*

Endomycina (*Dupont*), *Boisd.* — Nouv. Guin., Célèbes.

ADALIA, *Muls.*

Obliterata, *Linné,* — Europe.
Bothnica, *Payk.* — Europe cent. et bor.
Stictica (*Chevr.*), *Muls.* — Turquie asiat.
Fasciato-punctata, *Falderm.* — Sibérie.
Hyperborea, *Payk.* — Europe, Asie et Amér. sept.
Ophthalmica, *Muls.* — Amér. boréale.
Hopii, *Muls.* — Indoustan.
Bipunctata, *Linné.* — Europe, Amér. sept.
Rufo-cincta, *Muls.* — Europe mérid.
Alpina, *Villa.* — Alpes.
Flavo-maculata, *de Geer.* — Cap de B.-Esp., Indes, Nouv. Holl.
Signifera, *Reiche,* — Abyssinie.
Inquinata (*Chevr.*), *Muls.* — Europe centr. et mérid.
Undecim-notata, *Schneid.* — Europe.
Maritima, *Ménét.* — Russie asiat. mérid.
Deficiens, *Muls.* — Amér. mérid.
Angulifera (*Chevr.*), *Muls.* — Chili.

NESIS.

Sycophanta, *Muls.* ?

BULÆA, *Muls.*

Novemdecim-notata (*Steven*), *Gebler.* Eur. orient., Asie occid., Egyp.
Bocandei (*Dej.*), *Muls.* Sénégal.
Pallida (*Friwaldsky*), *Muls.* Turquie.

2e Rameau. — **Coccinellates.**

HARMONIA, *Muls.*

Sommeri (*Dej.*), *Muls.* Brés., Mozamb.
Rufescens (*Dej.*), *Muls.* Séség., Sennar.
Arcuata, *Fabr.* Cap. d. B.-E., Asie mér. et orient.
Ampla (*Chev.*), *Muls.* Mexique.
Cyanoptera (*Chev.*), *Muls.* Mexique.
Notulata (*Dej.*), *Muls.* Amér. du nord.
Duodecim-maculata, *Gebler.* Asie sept. et orient., Amér. bor.
Contexta (*Chev.*), *Muls.* Mexique.
Margine-punctata, *Schaller.* Europe.
Quinque-lineata (*Chev.*), *Muls.* Mexique.
Impustulata, *Linné.* Europe.
Buphthalmus (*Fischer*), *Muls.* Bouckharie.
Punctata, *Muls.* Inde septent.
Doublieri, *Muls.* France.
{ Duodecim-pustulata. *Fabr.* Europe.
{ *Var. Lyncea, Oliv.* Portugal.
Billieti. *Muls.* Inde septent.

COCCINELLA, *Linné.*

Quatuordecim-pustulata, *Linné.* Europe.
Sinuato-marginata, *Falderm.* Caucase.
Variabilis, *Illig.* Europe.
Transgressa, *Muls.* Inde septent.
Ancoralis, *Germ.* Amér. mérid.
Lucasii, *Muls.* Cordillières.
Emarginata (*Dej.*), *Muls.* Mex., Guatem.
Petitii (*Dej.*), *Muls.* Amér. mérid.
Antipodum, *White.* Nouv. Zélande.
Areata, *Muls.* Buénos-Ayres.
Eryngii (*Eschsch.*), *Muls.* Chili.
Fulvipennis (*Reiche*), *Muls.* Chili, Monte-Video.
Pulchella (*Dej.*), *Muls.* Brésil.

Menetriesi, *Muls.*	Asie or. et sept., Amér. sept. et occid.
Undecim-punctata, *Linné,*	Europe.
Hieroglyphica, *Linné.*	Europe.
Mannerheimii (*Dej.*), *Muls.*	Sibérie.
Tricuspis, *Kyrby.*	Amér. sept.
Withii, *Muls.*	?
Nivicola (*Eschsch.*), *Muls.*	Sibérie orient.
Californica (*Eschsch.*), *Muls.*	Californie.
Franciscana, *Muls.*	Californie.
Quinque-punctata, *Linné.*	Europe.
Saucerotii, *Muls.*	Daourie.
Divaricata, *Oliv.*	Europe mér. et orient., Asie mér.
Septem-punctata, *Linné.*	Europe, Asie occid. bor.
Labilis, *Muls.*	Europe.
Sedakovii (*Ménétr.*), *Muls.*	Daourie.
Monticola, *Muls.*	Amér. sept.
{ Transverso-guttata, *Fald.*	Asie sept. et orient., Amér. sept. et occ.
{ *Var. Nugatoria, Muls.*	Mexique.
Trifasciata, *Linné.*	Europe, Asie et Amér. sept.
Novem-stigma, *Muls.*	Daourie.
Novem-notata, *Herbst.*	Amér. sept., Guatem.
Transversalis, *Fabr.*	Indes orient., Nouv. Hollande.
Leonina, *Fabr.*	Nouv. Hollande., Nouv. Zélande.

CISSEIS, *Muls.*

Furcifera, *Guér.*	Nouv. Hollande.

3e Branche. — **Halizíaires.**

—

1er Rameau. — **Myziates.**

ANATIS, *Muls.*

{ Quindecim-punctata, *Oliv.*	Amér. sept.
{ *Var. Signaticollis, Muls.*	Amér. sept.
Ocellata, *Linné.*	Europe.
Mobilis (*Motsch.*), *Muls.*	Daourie.
Thibetina, *Muls.*	Thibet.

VODELLA.

Impressa, *Muls.*	Cayenne.

CLINIS, *Muls.*

Humilis, *Muls.*	Antilles.

MYSIA, *Muls.*

Pullata, *Say.*	Amér. sept.
Subvittata (*Reiche*). *Muls.*	Amér. sept. et occid.
Ramosa (*Mannerh.*), *Fald.*	Sibérie, Daourie.
Oblongo-guttata, *Linné.*	Europe, Asie sept.

SOSPITA, *Muls.*

Tigrina, *Linné.*	Europe.
Chinensis (*Dej.*), *Muls.*	Chine.

MYRRHA, *Muls.*

Octodecim-guttata, *Linné.*	Europe.

CALVIA, *Muls.*

Hololeuca (*Motsch.*), *Muls.*	Caucase.
Quatuordecim-guttata, *Linné.*	Europe.
Decem-guttata, *Linné.*	*Id.*
Bis-septem-guttata, *Schall.*	*Id.*
Flaccida, *Muls.*	Inde septent.
Albo-lineata (*Schoenh.*), *Gyllenh.*	Chine.
Blanchardi, *Muls.*	Amér. mérid.
Cajennensis, *Gmel.*	Cayenne.
Fulgurata (*Reiche*). *Muls.*	*Id.*

EGLIS, *Muls.*

Fischeri, *Muls.*	Brésil.
Varicolor (*Reiche*). *Muls.*	Australie.
Constellata, *Muls.*	Brésil.
Adjuncta (*Reiche*), *Muls.*	Colombie, Mex.
Edwardsii, *Muls.*	Australie.

CLEODORA, *Muls.*

Meyllyi, *Muls.*	Nouv. Hollande, Tasm., Van-Diémen.

2e Rameau. — **Halyziates.**

HALYZIA, *Muls.*

Perroudi, *Muls.*	Colombie.
Sedecim-guttata, *Linné.*	Europe.
Straminea, *Hope.*	Indoustan.
Pallasii, *Muls.*	Iles Marianes.
Sanscrita, *Muls.*	Inde septent.

PSYLLOBORA, *Chevr.*

(G. *Illeis*).	
Galbula, *Muls.*	Australie.
Cincta, *Fabre.*	Indes orient., Java.
(G. *Psyllobora*).	
Bistigmosa, *Muls.*	Iles du détr. de Malacca.
Cosnardi (*Chevr.*), *Muls.*	Brésil.
Lata (*Perroud*), *Muls.*	Colombie.
Dissimilis (*Dej.*), *Muls.*	*Id.*
Margine-notata (*Dej.*), *Muls.*	Madagascar.
Punctella (*Hope*), *Muls.*	Antilles.
Costae, *Muls.*	Amérique.
Confluens, *Fabr.*	Brésil, Colomb., Cayenne.
Decipiens, *Muls.*	Brésil, Colomb.
Lenta, *Muls.*	Colombie.
Luctuosa, *Muls.*	*Id.*
Nana, *Muls.*	Cuba.
Viginti-maculata, *Say.*	Amér. bor., Colomb.
Lineola, *Fabr.*	Antilles.
Roei (*Hope*), *Muls.*	Mexique.
Rufo-signata (*Dej.*), *Muls.*	Brésil.
Divisa, *Fabr.*	*Id.*
Intricata, *Muls.*	Colombie.
Graphica (*Reiche*), *Muls*	Brésil.
{ Hybrida (*Dej.*), *Muls.*	*Id.*
{ *Var? Mocquerysii.*	*Id.*
Germari, *Muls.*	*Id.*

VIBIDIA, *Muls.*

Duodecim-guttata, *Poda.*	Europe.
Bis-octo-notata (*Reiche*), *Muls.*	Arabie.

THEA, *Muls.*

{ Variegata, *Fabr.*	Le cap de Bon.-Espér., la Nouv. Hol.
{ *Nassata*, Erichson.	Angola.
Vigniti-duo-punctata, *Linné.*	Europe.
Quadripunctata, *Muls.*	Asie?

CLEIS, *Muls.*

Mirifica, *Muls.*	Mexique ?
Lynx, *Muls.*	*Id.*

PROPYLEA, *Muls.*

Quatuordecim-punctata, *Linné.*	Europe.
Obversepunctata, *Muls.*	Inde septent.

4e Branche. — **Micraspiaires.**

MICRASPIS, *Chevr.*

Phalerata (*Dahl.*), *Lucas.*	Sicile, Algérie.
Duodecim-punctata, *Linné.*	Europe.
Gebleri, *Muls.*	Déserts des Kirghis.

5e Branche. — **Discotomaires.**

DISCOTOMA, *Muls.*

Ornata (*Buq.*), *Muls.*	Cayenne.

SELADIA, *Muls.*

Nigricollis, *Muls.*	Mexique.
Maculicollis (*Dej.*), *Muls.*	Brésil.
Rubripennis (*Dej.*), *Muls.*	*Id.*
Bicincta (*Dej.*), *Muls.*	*Id.*
Albo-fasciata (*Dupont*), *Muls.*	Colombie ?

MACARIA (*Dej.*), *Muls.*

Erotyloides *Guér.*	Colombie.
Rosea, *Muls.*	*Id.*
Serraticornis (*Dej.*) *Muls.*	Brésil.
Schaumii, *Muls.*	*Id.*
Endomycha (*Chevrol.*), *Muls.*	*Id.*
Diluta (*Lacord.*), *Muls.*	Cayenne.
Sigillata (*Lacord.*), *Muls.*	*Id.*

PRISTONEMA, *Erichs.*

Coccinea, *Erichs.*	Pérou.

(2e Division).

6e Branche. — **Cariaires.**

SYNONYCHA, *Chevr.*

Grandis, *Casst.*	La Chine, Manille, Java.

CARIA, *Muls.*

(G. *Caria*).	
Dilatata, *Fabr.*	La Chine, Java, le Bengale.
Duvaucelii, *Muls.*	Asie, Indes ?
Sex-spilota, *Hope.*	Indoustan.
Superba, *Muls.*	Indes orient.
Commingii (*Hope*), *Muls.*	Manille.
Duodecim-spilota, *Hope.*	Indoustan.
(G. *Harma*).	
Regalis, *Oliv.*	Madag. Indes orient.
Dorsalis, *Oliv.*	Guinée, Bénin.
Abbreviata, *Muls.*	Afrique.

LEIS, *Muls.*

Dimidiata, *Fabr.*	Indes orient.
Basalis, *Redtenb.*	Indoustan.
Inflata, *Muls.*	Madagascar.
Javana (*Dej.*), *Muls.*	Java, etc.
Quindecim-maculata, *Hope.*	Indoustan.
Quindecim-spilota, *Hope.*	Ind., Beng., Java.
{ Vigintiduo-maculata, *Fabr.*	Guinée.
{ *Coryphœa, Guér.*	Madagascar.
{ Vigintiduo-signata, *Muls.*	Sierra-Leon.
{ *Clathrata, Muls.*	Guinée.
Thonningii. *Muls.*	Guinée.
Instabilis, *Muls.*	Cap de Bon.-Espér.
Frigida, *Muls.*	Sibérie.
Conformis (*Dej.*), *Boisd.*	Nouv.-Hollande, Van-Diémen, etc.
Novemdecim-signata, *Falderm.*	Daourie.
Axyridis, *Pall.*	*Id.*
Aulica, *Falderm.*	Chine bor.
Besseri, *Falderm.*	*Id.*
Conspicua, *Falderm.*	*Id.*
Spectabilis, *Falderm.*	Mongolie.
Bis-sex-notata (*Mannerh.*), *Muls.*	Daourie.

PELINA, *Muls.*

(G. *Pelina*).	
Lebasii (*Reiche*), *Muls.*	Colombie.
(G. *Palla*).	
Hydropica (*Dupont*), *Muls.*	Mexique.

BALLIA, *Muls.*

Christophori, *Muls.*	Inde septent.
Dianae, *Muls.*	*Id.*
Gustavii, *Muls.*	Hymalaya.
Eucharis, *Muls.*	Inde septent.
Montivaga, *Muls.*	*Id.*
Testacea, *Muls.*	*Id.*

NÉDA, *Muls.*

Marginata, *Linné.*	Brésil.
Miniata, *Hoppe.*	Indoustan.
Marginalis (*Hapfner*), *Muls.*	Mexique.
Flavens, *Muls.*	?
Princeps (*Hope*), *Muls.*	Nouv. Hollande.
Ochracea, *Muls.*	Colombie.
Orbignyi, *Muls.*	*Id.*
Peruviana (*Mannerh.*), *Muls.*	Pérou.
Tricolor, *Fabr.*	Ceylan.
Perrisii, *Muls.*	Colombie.
Reichii, *Muls.*	Java.
Amandi (*Reiche*), *Muls.*	Colombie.
Æquatoriana, *Muls.*	Equateur.
{ Norrisii, *Guérin.*	Colombie.
{ *Bremei*, (Reiche.	*Id.*
{ *Finitima*, Muls.	*Id.*
{ *Fasciolata*, Muls.	*Id.*
{ *Subdola*, Muls.	*Id.*
{ *Chevrolatii*, Muls.	*Id.*
{ *Perfida*, Muls.	*Id.*
Illuda, *Muls.*	*Id.*
{ Patula, *Erichs.*	Pérou.
{ *Andicola* (*Reiche*), *Muls.*	Chili
Jourdani, *Muls.*	Colombie.
Calispilota, *Guérin.*	Brésil, Mex.

DAULIS, *Muls.*

Sedecim-notata, *Fabr.*	Java, Moluques.
Separata, (*Reiche*), *Muls.*	Colombie.
Devestita, *Muls.*	*Id.*
Testudinaria, *Muls.*	Nouv. Hollande.
Reticulata, *Fabr.*	Java, etc.
Sallei, *Muls.*	Colombie.

Amabilis, *Muls.*	*Id.*
Dilychnis, *Muls.*	Cayenne.
Vigintiduo-notata (*Dej.*), *Muls.*	*Id.* Nouv. Hollande. ?
Graphiptera (*Reiche*), *Muls.*	Colombie.
Tredecim-signata (*Dej.*), *Muls.*	Brésil.
Conjugata (*Dej.*), *Muls.*	*Id.*
Boulardi, *Muls.*	Mariannes.
Abdominalis, *Say.*	Amér. sept.
Viridula, *Muls.*	Colombie.
Erythroptera (*Dej.*), *Muls.*	Buénos-Ayres
Puncticollis, *Muls.*	Cayenne.
Henonii, *Muls.*	?
Binotata, *Say.*	Amér. sept.
Ferruginea, *Oliv.*	Antilles.
Munda, *Say.*	Amér. sept.
Sanguinea, *Linné.*	Antilles, Amér. sept. et mér.
Pallidula (*Reiche*), *Muls.*	Cayenne, Brésil.
Deflorata, *Muls.*	Colombie.
Bis-tri-signata, *Muls.*	Brésil.
Gutticollis (*Dej.*), *Muls.*	Amér. mér.
Melanocera, *Muls.*	Colombie.
Conspicillata (*Reiche*), *Muls.*	Cayenne.
Mæander (*Lacord.*), *Muls.*	*Id.*, Mexique.
Lorata (*Germ et Sch.*).	Brésil.
Rubida (*Reiche*), *Muls.*	Cayenne.
Vigilans, *Muls.*	Colombie.

ISORA, *Muls.*

Anceps (*Dej.*), *Muls.*	Cap de Bon.-Esp., etc.

7ᵉ Branche. — **Alesiaires**.

ALESIA, *Muls.*

Torquata, *Chevr.*	Cap de Bon.-Esp., etc.
Guerini, *Muls.*	Afrique ?
Sybillina, *Muls.*	Abyssinie.
Bohemani, *Muls.*	Cafrerie.
Annulata, *Reiche.*	Abyssinie.
Inclusa (*Reiche*), *Muls.*	Cap de Bonne-Espérance.
Bidentata, *Muls.*	Cap de Bon.-Esp., Caf.
Hamata (*Schoenh.*), *Thunb.*	Sénégal.
Striata, *Fabr.*	Guin. Sén. Cap de Bon.-Espérance., Caf.

Larvalis, *Muls.*	Cafrerie.
Univittata, *Hope.*	Népaul.

VERANIA, *Muls.*

Comma, *Casstr.*	Cap de Bon-Espér., Cafr., Java.
Lineata, *Casstr.*	*Id.*
Frenata, *Erichs.*	Nouv. Hollande, Van-Diémen.
Trivittata, *Reiche.*	Abyssinie.
Strigula, *Boisd.*	Nouv. Hollande.
Striola, *Fabr.*	*Id.*
Uniramosa, *Hope.*	Indoustan.
Discolor, *Fabr.*	Indes orient. Java, Chine, Nouv. Hol.
Afflicta, *Muls.*	Cap de B.-Esp. Java, Sumat.

8e Branche. — Cœlophoraires.

SYNIA, *Muls.*

Melanaria, *Muls.*	Indes orient.
Melanopepla, *Muls.*	*Id.*

LEMNIA, *Muls.*

(G. *Vola*).	
Dissecta (*Reiche*), *Muls.*	Indes orient.
Mystacea, *Muls.*	Inde sept.
(G. *Lemnia*).	
Fraudulata, *Muls.*	Java.
Saucia, *Muls.*	Indoustan.
Melanota (*Latr.*), *Muls.*	Indes orient.
Biplagiata, *Schoenh.*	Chine, Indes orient.
Oculata, *Fabr.*	Bengale.
Mœsta (*Melly*), *Muls.*	Java.
Desolata, *Muls.*	Nouv. Hollande.

ARTÉMIS, *Muls.*

Circumusta (*Melly*) *Muls.*	Chine.
Rufula (*Melly*), *Muls.*	*Id.*
Mandarina (*Melly*). *Muls.*	*Id.*

COELOPHORA, *Muls.*

Westermanni, *Muls.*	Bengale.
Reniplagiata (*Dej.*), *Muls.*	Java.

Congener, *Schoenh.*	Chine, Indes orient.
Vidua, *Muls.*	Java.
Versipellis, *Muls.*	*Id.*
Pedicata, *Muls.*	Indes orient.
Partita, *Muls.*	Java.
Sexareata, *Muls.*	Inde sept.
Newporti, *Muls.*	Iles Philippines.
Pupillata, *Schoenh*	Chine, Bengale.
Placens, *Muls.*	Java.
Novem-maculata, *Fabr.*	Java, Philip., Chine.
Bissellata, *Muls.*	Bengale, Java.
Psi, *Casstr.*	Cap de Bon.-Esp., Java, Japon.
{ Inæqualis, *Fabr.*	C. de B.-Esp., Iles Philip.
{ Mendica.	Manille, Nouv. Hollande.
Octo-signata, *Muls.*	Java.
Perrotteti (*Chevr.*), *Muls.*	Indes orient.
Sanguinosa, *Muls.*	*Id.* ?
Coronata (*Dej.*), *Muls.*	Sénégal.
Mariae, *Muls.*	Inde sept.
Decora, *Muls.*	*Id.*
Læta, *Muls.*	Java.
Pentas, *Muls.*	Amér. mérid. ?
Unicolor, *Fabr.* ?	Indes orient.
Caliginosa, *Muls.*	*Id.*
Patruelis (*Dej.*), *Boisd.*	Nouv. Holl., Vanik., Nouv. Hybern.

PROCULA, *Muls.*

Douei, *Muls.*	Jamaïque.

DYSIS, *Muls.*

Bis-quatuor-guttata (*Latr.*), *Muls.*	Ile de France, Australie.

BURA, *Muls.*

Cuprea (*Mannerh.*), *Muls.*	Haïti.

OENOPIA, *Muls.*

(G. *Pania*).

Luteo-pustulata, *Muls.*	Indes orient.
Addicta, *Muls.*	Egypte.

(G. *Aza*).

Dorso-notata, *Muls.*	Indes orient.
Kirbyi, *Muls.*	*Id.*

(G. *Œnopia*).

Cinctella (*Dej.*), *Muls.*	Cap de B. Esp., Timor.
Litterata. *Reiche.*	Abyssinie.

9ᵉ Branche. — **Cydoniaires.**

CYDONIA, *Muls.*

Circumclusa (*Chevr.*), *Muls.*	Bénin.
Lunata, *Fabr.*	Afriq. trop. et mér., Indes or., Java.
Vittata, *Fabr.*	Guinée.
Propinqua (*Dej.*), *Muls.*	Cap de B.-Esp.
Triangulifera (*Guér.*), *Muls.*	Madagascar, Malabarie.
Quadri-lineata (*Melly*), *Muls.*	Cap, la Cafrerie.
{ Vicina (*Dej.*), *Muls.*	Egypte, Nubie, Guinée, Sénégal.
{ *Cuppigera*, Muls.	Egypte.
Nilotica, *Muls.*	*Id.*

CHEILOMENES, *Chevr.*

Sex-maculata, *Fabr.*	C. de B.-Esp., Ind. or., Java, Man., etc.
Quadri-plagiata, *Schoenh.*	Indes orient., Chine, Japon, Nouv. Holl.

ELPIS, *Muls.*

Dolens, *Muls.*	Madagascar.

2ᵉ famille. — **Chilocoriens.**

—

1ʳᵉ Branche. — **Chilocoraires.**

CHILOCORUS, *Leach.*

{ Tristis, *Falder.*	Chine bor.
{ *Rubidus*, Hope.	Indoust., Nouv. Hollande.
Circumdatus, *Schoenh.*	Indes orient.
Melanophthalmus, (*Chevr.*), *Muls.*	Java.
Politus (*Hope*), *Muls.*	Indoustan, Chine.
Schioedtii, *Muls.*	Guinée.
Dohrnii, *Muls.*	*Id.* Sénégal.
Ruficeps (*Dej.*), *Muls.*	*Id.* *Id.* Abys., Cap. B.-Esp.
Bijugus, *Muls.*	Indes orient.
Cacti, *Linné.*	Mexique, etc.
Renipustulatus, *Scriba.*	Europe.

Bivulnerus (*Dej.*), *Muls.*	Amér. sept.
Bipustulatus, *Linné.*	Europe, Afrique bor.
Infernalis, *Muls.*	Inde septentr.
Midas, *Klug.*	Madagascar.
Wahlbergii, *Muls.*	Cafrerie.
Nigritus, *Fabr.*	Indes orient.

EGIUS, *Muls.*

Platycephalus, *Muls.*	Antilles.

2e Branche. — **Exochomaires.**

ORCUS, *Muls.*

(G. *Orcus*).	
Lafertei, *Muls.*	Nouv. Hollande.
Janthinus (*Reiche*), *Muls.*	Java.
Cyanocephalus, *Muls.*	Nouv. Hollande.
(G. *Priasus*).	
Bilunulatus (*Dej.*), *Boisd.*	*Id.*
Australasiae (*Dej.*), *Boisd.*	Nouv. Hollande, Van-Diémen.
Nummularis (*Mac-Leay*), *Boisd.*	Nouv. Holllande.
(G. *Halmus*).	
Chalybeus (*Dej.*), *Boisd.*	*Id.*
(G. *Curinus*).	
Cœruleus (*Dej.*), *Muls.*	Brésil, Chili, Mexique.
(G. *Harpasus*).	
Pallidilabris, *Muls.*	Brésil.
Eversmanni, *Muls.*	*Id.*
Zonatus (*Dej.*), *Muls.*	*Id.*

EXOCHOMUS, *Redtenb.*

(G. *Axion*).	
Plagiatus, *Olivier.*	Mexique, Iles de la mer des Indes.
Tripustulatus, de *Geer.*	Amér septent.
(G. *Cladis*).	
Uva (*Schoenh.*), *Muls.*	Antilles, Buénos-Ayres.
Botrus, *Muls.*	Buénos-Aires.
(G. *Exochomus*).	
{ Nigripennis, *Erichs.*	Egypte, Nubie.
{ *Var? Troberti*, Muls.	Sénégal, Angola.
Russicollis (*Motschoulsky*), *Muls.*	Géorgie.

Auritus, *Scriba.*	Europe, Afrique orient. et mérid.
Pubescens, *Küst.*	Espagne.
Versutus (*Dej.*) *Muls.*	Cap de Bon.-Espér.
{ Quadripustulatus, *Linné.*	Europe.
{ *Distinctus* (*Chevr.*), *Brullé.*	Grèce,
Marginipennis (*Dej.*), *Muls.*	Amér sept.
Cinctivestis, *Muls.*	Brésil.
Foudrasii, *Muls.*	Sénégal.
Lugubrivestis, *Muls.*	Egypte.
Jordani, *Muls.*	Brésil.
(G. *Zagreus*).	
{Bimaculosus, *Muls*	Cayenne, Brésil, Buénos-Ayres.
{*Cinctipennis* (Dej.), Muls.	Brésil.
Childreni, *Muls.*	Floride.
Gaubilii, *Muls.*	*Id.*
Contristatus, *Muls.*	Mexique.
Decoloratus, *Muls.*	Brésil.
Uropygialis, *Muls.*	Inde sept.

BRUMUS, *Muls.*

Desertorum, *Gebler.*	Sicile, Turq. et Russie asiat., Mongolie.
Suturalis, *Fabr.*	Indes orient.

3e Famille. — **Hypéraspiens.**

1re Branche. — **Cryptognathaires.**

CRYPTOGNATA, *Muls.*

Auriculata (*Dupont*), *Muls.*	Colombie
Gemellata, *Muls.*	Mexique ?
Pudibunda, *Muls.*	Brésil.

OENEIS, *Muls.*

Obscura (*Schaum*), *Muls.*	Brésil.
Nigrans (*Melly*), *Muls.*	*Id.*

2e Branche. — **Pentiliaires.**

PENTILIA, *Muls.*

Egena (*Dej.*), *Muls.*	Brésil.

Insidiosa, *Muls.*	Colombie.
Castanea, *Muls.*	Amér. mérid.

LOTIS, *Muls.*

Confucii, *Muls*	Chine.
Neglecta (*Dej.*), *Muls.*	Cap d. B.-Esp , Cafrerie.
Guttula, *Muls.*	Cafrerie.

3e Branche. — **Thalassaires.**

CORYSTES, *Muls.*

Hypocrita (*Dej.*) *Muls.*	Cayenne.

MENOSCELIS, (*Dej.*), *Muls.*

Saginata (*Lacord.*), *Muls.*	Cayenne.
Insignis (*Chevr.*), *Muls.*	*Id.*
Glauca , *Muls.*	Amér. mérid.

THALASSA, *Muls.*

Montezumae (*Chevr.*) *Muls.*	Mexique.
Pentaspilota, *Chevr.*	*Id.*
Flaviceps (*Dej.*), *Muls.*	Cuba.
Similaris, *Muls.*	Antilles ?
Reyi, *Muls.*	Brésil.
Prasina, *Muls.*	Cuba.

4e Branche. — **Thiphysaires.**

THIPHYSA, *Muls.*

Plumbea (*Dej.*), *Muls.*	Cayenne.

HINDÀ, *Muls.*

Designata (*Reiche*), *Muls.*	Colombie.

5e Branche. — **Brachyacanthaires.**

BRACHYACANTHA, *Chevr.*

Westwoodi, *Muls.*	Mexique.
Bipartita, (*Chevr.*), *Muls.*	*Id.*
Sellata, (*Dej.*), *Muls.*	Brésil.
Lepida (*Klug.*), *Muls.*	Mexique.

Dentipes, *Fabr.*	Mexiq , Etats-Unis.
Subfasciata, *Muls.*	Mexique.
Bis-tripustulata, *Fabr*	Etats-Unis, Mexique, Colombie.
Erythrura (*Chevr.*), *Muls.*	Mexique.
Flavifrons (*Dej.*), *Muls.*	Amér sept.
Ursina, *Fabr.*	*Id.*
Pygidialis, *Muls.*	Mexique.
Conjuncta, *Muls.*	*Id.*
Confusa (*Dej.*), *Muls.*	Amér. sept.
Diversa (*Dej.*), *Muls.*	*Id.*
Octostigma (*Chevr.*), *Muls.*	Mexique.

6e Branche. — **Hypéraspiaires.**

CLEOTHERA, *Muls.*

(G. *Cleothera*).	
Buqueti (*Dej.*), *Muls.*	Brésil.
(G. *Cyra*).	
Operaria, *Muls.*	Brésil.
Loricata, *Muls.*	*Id.*
Matronata, *Muls.*	Brésil.
Cognata, *Muls.*	*Id.*
Galliardi, *Muls.*	Amér. mér.
Triacantha (*Buq.*), *Muls.*	Cayenne.
Quinque-notata (*Dej.*), *Muls.*	Brésil.
Notata (*Chevr.*), *Muls.*	*Id.*
Onerata, *Muls.*	Colombie.
Cincticollis, *Muls.*	*Id.*
Dorsata (*Dej.*), *Muls.*	*Id.*
Crucifera (*Chevr.*), *Muls.*	Brésil.
Hexastigma (*Germ.* et *Sch.*), *Muls.*	*Id.*
Gracilis (*Germ et Sch.*), *Muls.*	Brésil.
Spinalis, *Muls.*	Brésil, Bolivie.
Castelnaudii, *Muls.*	*Id.*
Oseryii, *Muls.*	*Id.*
Devillii, *Muls.*	*Id.*
Melanura, *Muls.*	Colombie.
Suturella, *Muls.*	Brésil.
Languida, *Muls.*	*Id.*
Luteola (*Klug.*), *Muls.*	*Id.*
Scutifera (*Schaum.*) *Muls.*	Vénézuéla.
Ustulata, *Muls.*	Colombie.

Tortuosa, *Muls.*	Brésil.
Limbigera, *Muls.*	Brésil.
Fusco-maculata (*Dej.*), *Muls.*	*Id.*
Uncinata, *Muls.*	Brésil.
Poortmanni, *Muls.*	*Id.*
Fallax, *Muls.*	Colombie.
Adhærens, *Muls.*	*Id.*
Maculosa, *Muls.*	*Id* ?
Tessulata, *Muls.*	*Id.*
Scenica (*Dej.*), *Muls.*	*Id.*
Retigera, *Muls.*	Brésil.
Glyphica (*Schaum.*), *Muls.*	*Id.*
Noticollis (*Dej.*), *Muls.*	Colombie.
Octupla, *Muls.*	Brésil.
Trepida, *Muls.*	Amér. mérid.
Graminicola, *Muls.*	Colombie.
Compta, *Muls.*	*Id.*
Ambigua (*Dej.*), *Muls.*	Cayenne.
Millierii, *Muls.*	*Id.*
Tredecim-guttata (*Reiche*), *Muls.*	Colombie.
Turbata, *Muls.*	Brésil.
Decem-verrucata (*Chevr.*), *Muls.*	*Id.*
Humerata, *Musl.*	Cayenne.
Scapulata, *Muls.*	Brésil.
Lividipes, *Muls.*	Amér mérid.
Decem-signata (*Dej.*), *Muls.*	*Id.*
Jucunda (*Dej.*), *Muls.*	Colombie.
Raynevalii, *Muls.*	Cayenne.
Bis-quinque-pustulata, *Fabr.*	Amér. mérid.
Arcualis. *Muls.*	Amér. mér.
Gacognii, *Muls.*	Brésil.
Tropicalis, *Muls.*	*Id.*
Vexata, *Muls.*	Colombie
Levrati, *Muls.*	Mexique.
Punctum, *Muls.*	Brésil.
Gaynoni, *Muls.*	Brésil.
Armandi, *Muls.*	*Id.*
Troglodytes, *Muls.*	Etats-Unis.
Billoti, *Muls.*	*Id.*
Groendali / *Parva* / *Bourdini* } Muls.	*Id.*

Ormanceyi, *Muls.*	Colombie.
Distinguenda, (*Dej.*), *Muls.*	*Id.* Brésil.
Fasciata, *Fabr.*	Amér. sept.
Collaris, (*Melly*), *Muls.*	Colombie.
Histrionica (*Dej.*), *Muls.*	*Id.*
Compedita, *Muls.*	Mexique.
Mercabilis, *Muls.*	Brésil.
{ Jocosa, *Muls.*	*Id.*
{ *Var. Serval*, Muls.	Cayenne.
Limata, *Muls.*	Brésil.
Trivialis, *Muls.*	Brésil.
Bis-quatuor-pustulata (*Reiche*), *Muls.*	Nouv. Grenade.
Octo-pustulata, *Fabr.*	Cayenne.
Donzeli, *Muls.*	Brésil.
Sex-verrucata, *Fabr.*	Mex., Amér. mérid.
Pavida, *Muls.*	Mexique.
Sex-guttata, *Muls.*	Brésil.
Quadrisignata (*Dej.*), *Muls.*	Cayenne.
Ingrata (*Dej.*), *Muls.*	*Id.*
Senegalensis (*Dej.*), *Muls.*	Sénégal.
Ovato-notata, *Muls.*	Brésil.
Guilloryi, *Muls.*	Colombie.
Flavo-calceata (*Chevr.*), *Muls.*	Brésil.

HYPERASPIS (*Chevr.*), *Redtenb.*

C.-nigrum, *Muls.*	Brésil.
Flavo-guttata, *Muls.*	*Id.*
Disco-notata, *Leconte.*	Amér. sept.
Exclamationis (*Melly*), *Muls.*	Brésil.
Pumila (*Dej.*), *Muls.*	Sénégal.
Lateralis, *Muls.*	Mexique.
Elegans (*Dej.*), *Muls.*	Amér. sept.
Festiva, *Muls.*	Brésil, Colombie.
Rufo-marginata (*Dej.*), *Muls.*	Amér. sept.
Connectens (*Schoen.*), *Thunb.*	Antil., Mex.
Bicruciata (*Reiche*), *Muls.*	Nouv. Grenade.
Sphæridioides (*Dej.*), *Muls.*	Chili.
Ecoffeti, *Muls.*	Brésil.
Trilineata, *Muls.*	Cayenne.
Trimaculata, *Linné.*	Mexique.
Cleida (*Chevr.*), *Muls.*	Brésil.

Venustula (*Dej.*), *Muls.*	Amér. sept.
Kunzii, *Muls.*	?
Sex-pustulata, *Motsch.*	Géorgie.
Guillardi, *Muls.*	Daourie.
Fabricii, *Muls.*	?
Proba, *Say.*	Amér. sept.
Felixi, *Muls.*	Cap de B.-Esp.
Quadri-maculata, *Redtenb.*	Autriche, Turquie asiat.
Quadri-oculata, *Eschsch.*	Californie.
Quadrilla, *Reiche.*	Cafr., Sénég.
Floridana, *Muls.*	Floride.
Inaudax, *Muls.*	Caucase.
Recordata (*Chevr.*), *Muls.*	Brésil.
Lunulata, *Muls.*	Mexique.
Vittifera (*Motsch.*), *Muls.*	Kirghis.
Femorata, *Motsch.*	Kirghis, Caucase.
Signata, *Oliv.*	Amér. sept.
Inedita (*Dej.*), *Muls.*	*Id.*
{ Campestris, *Herbst.*	Europe.
{ *Var. Concolor*, Suffrian.	*Id.*
Centralis (*Reiche*), *Muls.*	Mexique.
Illecebrosa (*Chevr.*), *Muls.*	Espagne.
Hoffmanseggii (*Helwig.*), *Muls.*	France et Europe mérid.
Hottentota, *Muls.*	Cap de B.-Esp.
Guexi, *Muls.*	Amér. sept.
Motschoulskyi, *Muls.*	Russie mérid. ?
Reppensis, *Herbst.*	Europe.
Merckii, *Muls.*	Sénégal.
Peregrina (*Chevr.*), *Muls.*	Brésil.
Girodoni, *Muls.*	Afrique.
Pseudo-pustulata, *Muls.*	Russ. mérid.
Guttata (*Motschoulsky*), *Muls.*	Kirghis.
Delicatula, *Muls.*	Cafrerie.

OXYNYCHUS *Leconte.*

Mœrens, *Leconte.*	Amér. sept.

2e Groupe. — **TRICHOSOMIDES.**

1re Famille. — **Epilachniens.**

1re Branche. — **Chnootribaires.**

CHNOOTRIBA, *Chevr.*

Similis, *Cassir.*	Cap de B.-Esp., Cafrerie, Abyssinie.
Var. *Assimilis* (*Dej.*), Muls.	Sénégal, Guinée.

2e Branche. — **Epilachnaires.**

EPILACHNA, *Chevr.*

Radiata, *Guérin.*	Colombie.
V.-pallidum, *Blanchard.*	Haut-Pérou.
Stolata, *Muls.*	Colombie.
Scapularis, *Muls.*	*Id.*
Axillaris (*Perroud*), *Muls.*	*Id.*
Cruciata (*Klug.*) *Muls.*	*Id.* Vénézuela.
Nigrofasciata, (*Perroud*), *Muls.*	Colombie.
Madida, *Muls.*	Colombie.
Indiscreta, *Muls*	Colombie.
Consularis (*Reiche*), *Muls.*	*Id.*
Pandora, *Muls.*	Nouv. Hollande.
Proteus, *Guérin.*	*Id.*
Nigro-cincta (*Klug.*) *Muls.*	Mexique.
Guttato-pustulata, *Fabr.*	Nouv. Hollande.
Tricincta, *Montrous.*	Woodlark.
Patricia, *Muls.*	Santa-Cruz.
Octo-verrucata, *Muls.*	Colombie.
Bis-triguttata, *Muls.*	Haut-Pérou.
Augustata (*Buquet*), *Muls.*	Colombie.
Bonplandi, *Muls.*	Pérou.
Acuminata, *Muls.*	Amér. mér.
Colorata (*Chevr.*), *Muls.*	Sénégal.
Humboldti, *Muls.*	Haut-Pérou.
Bourcieri, *Muls.*	Brésil.

Hæmatomelas, *Boisd.*	Nouv. Guinée.
Hæmorrhoa, *Boisd.*	*Id.*
Marginicollis, *Hope.*	Indoustan.
Vulpecula, *Reiche.*	Abyssinie.
Mexicana (*Klug.*), *Muls.*	Mexique.
Defecta (*Dej.*), *Muls.*	*Id.* Colombie.
Fuscipes (*Reiche*), *Muls.*	*Id.* Nouv. Grenade.
Margaritifera (*Reiche*), *Muls.*	Madagascar.
Meleagris, *Klug.*	*Id.*
Spinolæ, *Muls.*	*Id.*
Quatuordecim-signata, *Reiche.*	Abyssinie.
Argiola, *Muls.*	Madagascar.
Duodecim-pustulosa, *Muls.*	Cafrerie.
Infirma, *Muls.*	Port-Natal.
Luteo-guttata, *Muls.*	Nubie, Sennar.
Delessertii, *Guér.*	Indes orient., Ceylan.
Schoenherri, *Muls.*	Cafrerie.
Parryii, *Muls.*	Afrique mérid.
{ Lupina, *Muls.*	Guinée.
{ Var. *Nigritarsis* (Chevr.), Muls.	Sénégal.
Mystica, *Muls.*	Chine.
Dregei (*Dej.*), *Muls.*	Cap de B.-Esp.
Zetterstedtii, *Muls.*	Cafrerie.
Canina, *Fabr.*	Cap de B.-Esp.
Fulvo-signata, *Reiche.*	Abyssinie.
{ Hirta, *Casstroem.*	Afrique mér.
{ Var? *Insidiosa*, Muls.	*Id.*
Obsoleta. *Oliv.*	Madag., Indes orient.
Doryca, *Boisd.*	Indes orient., Nouv. Guinée.
Consputa, *Muls.*	Nouv. Guinée.
Signatipennis (*d'Urville*), *Boisd.*	*Id.*
Boisduvali, *Muls.*	Australie ?
Bis-septem-notata, *Muls.*	Abyssinie.
Alternans, *Muls.*	Java.
Enneasticta, (*de Hahn.*), *Muls.*	*Id.*
Stulta, *Muls.*	Java.
Compilata, *Muls.*	*Id.*
{ Tæniata, *Muls.*	*Id.* , Indes orient.
{ *Phyllophaga*, Muls.	*Id.*
{ *Lincula* (Dalman), Muls.	*Id.* , Port-Natal.
{ *Sodalis* (Chevr.), Muls.	*Id.*
Grayi, *Muls.*	Indes orient.

Indica (*Reiche*), *Muls.*	Indes orient.
Yamuna, *Muls.*	Java.
Pytho (*Reiche*), *Muls.*	Java, Sumatra.
Socialis, *Muls.*	Indes orient.
{ Undecim-variolata, *Muls.*	Java, Nouv. Guinée, Van-Diémen.
{ *Diardi*, Muls.	Java.
{ *Stigmula* (Reiche), Muls.	*Id.*
{ Diffinis, *Eydoux et Souleyet.*	Iles Philip.
{ *Signatula*, Muls.	Java.
{ *Stolida*, Muls.	*Id.*
Argus, *Geoffroy et Fourcroy.*	Europe cent. et mér.
{ Pusillanima, *Muls.*	Indes orient., Java.
{ *Zanguens*, Muls.	*Id.*
Infausta, *Muls.*	Java.
{ Territa, *Muls.*	*Id.*, Ternates.
{ *Indocilis*, Muls.	*Id.*
{ *Fatalis*, Muls.	*Id.*
{ *Lusoria*, Muls.	*Id.*
{ Dodecostigma, *Wiedemann.*	Indes orient.
{ *Bengalensis*, Muls.	*Id.*
{ *Congressa*, Muls.	*Id.*
{ Gradaria, *Muls.*	*Id.*
{ *Additia*, Muls.	*Id.*
{ *Victa*, Muls.	*Id.*
{ *Socors*, Muls.	*Id.*
Pagana, *Muls.*	Java.
{ Oculea, *Muls.*	Indoustan.
{ *Retexta*, Muls.	*Id.*
Chrysomelina, *Fabr.*	Europe mér., Afrique.
Bifasciata, *Fabr.*	Afrique mérid.
Reticulata, *Oliv.*	Sénégal, Guinée, Nubie, Port-Natal.
Patula (*Chevr.*), *Muls.*	Mexique.
Macularis (*Reiche*), *Muls.*	Indoustan.
Elvina, *Muls.*	Indes orient. sept.
Undecim-spilota (*Hope*), *Muls.*	*Id.*
Flavicollis, *Casstroem.*	Indes orient.
Dumerili, *Muls.*	*Id.*
Maculivestis, *Muls.*	Thibet.
Incauta, *Muls.*	Java.
Capicola (*Dej.*), *Muls.*	Cap de Bon.-Esp., Cafr.
Gyllenhalli, *Muls.*	Cafrerie.

Herbigrada, *Muls.*	Indes orient.
Wachanrui, *Muls.*	?
Sex-notata, *Muls.*	*Id.*
Olivacea (*Perroud*), *Muls.*	Mexique.
Obscurella (*Chevr.*), *Muls.*	*Id.*
Tenebricosa, *Muls.*	*Id.*
Aubei, *Muls.*	*Id.*
Particollis, *Muls.*	*Id.*
Pavonia, *Oliv.*	Madagascar.
Varipes (*Dupont*), *Muls.*	Mexique.
Murina (*Klug.*), *Muls.*	*Id.*
Corrupta, *Muls.*	*Id.*
Varivestis, *Muls.*	*Id.*
Modesta (*Dej.*), *Muls.*	*Id.*
Difficilis, *Muls.*	*Id.*
Discors (*Dej.*), *Muls.*	Afrique mérid.
Chenoni, *Muls.*	Guinée.
Pænulata, *Germ.*	Buenos-Ayres, Brésil.
Æquinoxialis, *Klug.*	*Id.*
Borealis, *Fabr.*	Amer. sept. et mérid.
Deleta (*Schoenh.*), *Muls.*	Sierra Leone.
Zetterstedtii, *Muls.*	Cafrerie.
Lineato-punctata, *Germ.*	Brésil.
Wissmanni, *Muls.*	Célèbes.
Paykullii, *Muls.*	Cafrerie.
{ Vigintiocto-punctata, *Fabr.*	Indes, Java, Nouv. Guinée, Australie.
Var. *Multipunctata* (Reiche), Muls.	
Id. Egens; Muls.	Java.
Id. Recta, Muls.	
Id. Sparsa, Herbst.	
Id? Pubescens, Hope.	Inde.
{ Implicata, *Muls.*	Indes orient.
Lacertosa, Muls.	*Id.* ?
Vigintisex-punctata (*Dej.*), *Boisd.*	Nouv. Guinée, Nouv. Hollande.
Pardalis, *Boisd.*	Vanikoroo.
Mystica, *Muls.*	Indes orient.
Cacica, *Guér.*	Bolivie, Brésil.
Palliata, *Schoenh.*	Brésil.
Velutina, *Oliv.*	Guyanne.
{ Spreta, *Muls.*	Brésil.
Illusa, Muls.	*Id.*

Circumcincta (*Dej.*), *Muls.*	Brésil.
Clandestina (*Dej.*), *Muls.*	*Id.*
Concolor (*Reiche*), *Muls.*	*Id.*
(G. *Dira*).	
Obscurocincta (*Dej.*), *Muls.*	*Id.*
Placida, *Muls.*	*Id.* Bolivie.
Contempta, *Muls.*	Buenos-Ayres.
Circumflua, *Muls.*	Brésil.
Mitis (*Chev.*), *Muls.*	Mexique.
Zonula, *Muls.*	Colombie ?
Circumducta, *Muls.*	Brésil.
Arethusa, *Muls.*	Indes orient. bor.
Virgata (*Klug*), *Muls.*	Colombie.
Amplexata, *Muls.*	Mexique.
Gossypiata (*Guér.*).	Bolivie.
Subcincta (*Reiche*), *Muls.*	Nouv. Grenade.
Testicolor, *Muls.*	Indes orient.
Tomentosa (*Dej.*), *Muls.*	Brésil.
(G. *Mada*).	
Fraterna (*Dej.*), *Muls.*	Cayenne.
Rufoventris (*Dej.*), *Muls.*	Cayenne.
Fairmairii, *Muls.*	Brésil.
Glaucina, *Muls.*	*Id.*
(G. *Hypsa*).	
Guineensis (*Chevr.*). *Muls*	Guinée.
Sedecim-verrucata, *Muls.*	*Id.*
Macquarti, *Muls.*	Madagascar.
Geoffroyi, *Muls.*	*Id.*
Lacordairii, *Muls.*	*Id.*
Pierreti, *Muls.*	*Id.*
(G. *Cleta*),	
Eckloni, *Muls.*	Cap de Bon.-Esp.
Undulata, *Casstroem.*	*Id.*
Smithi, *Muls.*	*Id.*
Polluta, *Muls.*	Mexique.
Distincta (*Casstroem*), *Muls.*	Afrique mér.
Sahlbergi, *Muls.*	Cafrerie.
Bomparti, *Muls.*	Sénégal.
Nylanderi, *Muls.*	Cafrerie.
Punctipennis, *Muls.*	Guinée.
Viginti-punctata, *Muls.*	Cafrerie.
Dufourii, *Muls.*	Guinée.

Manderstjernae, *Muls.*	Asie.
Linnæi, *Muls.*	Cafrerie.
Stephensi, *Muls.*	Indes orient. ? Afrique ?
Dahlbomi, *Muls.*	Cafrerie.
Godarti, *Muls.*	Afrique orient.

BALLIDA, *Muls.*

Brahamae, *Muls.*	Chine.

LASIA (*Hope*), *Muls.*

{ Globosa *Schneid.*	Europe, Afrique sept.
{ *Var* ? *Meridionalis*, Motschoulsky.	Europe et Russie asiat. mérid.
Colchica, *Motschoulsky.*	Caucase.

CYNEGETIS, *Redtenbacher.*

Impunctata, *Linné.*	Autriche, etc.

2e famille. — **Poriens.**

PORIA, *Muls.*

Cyanea (*Dej.*), *Muls.*	Brésil.
Sanguinitarsis, *Muls.*	*Id.*
Hæmatura, *Muls.*	Brésil.
Cæsia, *Muls.*	*Id.*
Coxalis, *Muls.*	*Id.*
Chrysomeloides (*Reiche*), *Muls.*	*Id.*
Togata, *Muls.*	*Id.*
Circumflexa, *Muls.*	Colombie.

EUPALEA, *Muls.*

Foveiventris, *Muls.*	Nouv. Hollande.
Formosa, *Muls.*	Colombie.
Picta, *Guérin.*	Mexique.
Suffriani, *Muls.*	Brésil.

3e Famille. — **Ortaliens.**

1re Branche. — **Ortaliaires.**

ORTALIA, *Muls.*

Variata (*Reiche*), *Muls.*	Madagascar.

Calliops, *Guérin.*	*Id.*
Flaveola, *Klug.*	*Id.*
Pallens, *Muls.*	Sénégal.
Guillebelli, *Muls.*	Cafrerie.
Argillacea (*Reiche*), *Muls.*	Guinée.
Maeklini, *Muls.*	?
Funesta, *Muls.*	Madagascar.
Duponti (*Dej.*), *Muls.*	*Id.*

PRODILIS, *Muls.*

Pallidifrons (*Reiche*), *Muls.*	Nouvelle Grenade.

ZENORIA, *Muls.*

Ratzeburgi, *Muls.*	Brésil.
Subcostalis (*Reiche*), *Muls.*	Nouvelle Grenade.
Pilosula (*Dej.*), *Muls.*	Colombie.
Revestita (*Chevr.*), *Muls.*	Brésil.
Linteolata, *Muls.*	*Id.*

2e Branche. — **Rodoliaires.**

AZORIA, *Muls.*

Subviolacea, *Muls.*	?

RODOLIA, *Muls.*

Carmelitana, *Muls.*	Cayenne.
Rubea, *Muls.*	Java.
Carneipellis, *Muls.*	Java.
Rufopilosa, *Muls.*	Chine.
Ruficollis, *Muls.*	Indes orient.
Fumida, *Muls.*	*Id.*
Guinoni, *Muls.*	Brésil.
Roseipennis, *Muls.*	*Id.*
Pubivestis, *Muls.*	Cayenne.
Chermesina, *Reiche.*	Madagascar.

VEDALIA, *Muls.*

Sieboldii, *Muls.*	Mexique.
Cardinalis, *Muls.*	Nouv. Hollande.

4e Famille. — Chnoodiens.

1re Branche. — Azyaires.

LADORIA, *Muls.*

Desarmata (*Chevr.*), *Muls.*	Brésil.

AZYA, *Muls.*

Luteipes (*Chevr.*), *Muls.*	Brésil.
Scutata, *Muls.*	Mexique.
Ardosiaca, *Muls.*	Guadeloupe.
Pontbrianti, *Muls.*	Cayenne.
Orbigera, *Muls.*	Mexique, Colombie.

2e Branche. — Chnoodaires.

EXOPLECTRA, *Chevr.*

(G. *Cœliaria*).	
Erythrogaster (*Dej.*), *Muls.*	Brésil.
(G. *Exoplectra*).	
Tibialis (*Reiche*), *Muls.*	Mexique.
Intestinalis (*Melly*), *Muls.*	Brésil.
Fucosa (*Schaum*), *Muls.*	*Id.*
Metallescens, *Muls.*	*Id.*
Luteicornis, *Muls.*	*Id.*
Companyoi, *Muls.*	*Id.*
Vettardi, *Muls.*	*Id.*
Virescens (*Chevr.*), *Muls.*	Brésil.
Calcarata, *Germ.*	*Id.*
Æneа, *Fabr.*	Cayenne.
Stevensi, *Muls.*	Mexique.
Consentanea (*Dej.*), *Muls.*	Colombie.
Impotens, *Muls.*	Amér. mérid.
Rubripes (*Reiche*), *Muls.*	Mexique.
Coccinea, *Fabr.*	Cayenne, Brésil.
Heydeni, *Muls.*	Brésil.
Rubicunda, *Muls.*	Cayenne.

Miniata, *Germar.*	Brésil, Mexique.
Angularis (*Chevr.*), *Muls.*	Cayenne.

CHNOODES, *Muls.*

Terminalis (*Dej.*), *Muls.*	Colombie.
Byssina (*Klug.*), *Muls.*	*Id.*
{ Deglandi, *Muls.*	Colombie, Nouv. Grenade.
{ *Dubitata* (Chevr.), Muls.	Colombie.
Innocua (*Chevr.*), *Muls.*	Brésil, Colombie.
Dimidiatipes (*Chevr.*), *Muls.*	Brésil.
Hœmorrhois, *Muls.*	Brésil.
Ahena, *Muls.*	Colombie.
Chaudoiri, *Muls.*	Brésil.
Gravata, *Muls.*	*Id.*
(G. *Dapolia*).	
Fallax (*Dej.*), *Muls.*	Brésil.
Cordifera (*Dej.*), *Muls.*	*Id.*
Trivia, *Muls.*	Amér. méridion.
Puberula (*Dej.*), *Muls.*	*Id.*
Hæmatina, (*Reiche*), *Muls.*	Colombie.
Corallina (*Reiche*), *Muls.*	*Id.*

3e Branche. — **Siolaires.**

SIOLA, *Muls.*

{ Boillæi, *Muls.*	Colombie.
{ *Var? Garnieri*, Muls.	*Id.*

AULIS, *Muls.*

(G. *Aulis*).	
Annexa, *Muls.*	Cafrerie.
Vestita (*Dej.*), *Muls.*	Indes orient.
Fædata, *Muls.*	Cafrerie.
Plantaris, *Muls.*	Cap de B.-Espér.
(G. *Sidonis*).	
Consanguinea.	Colombie.
Lineato-signata (*Melly*), *Muls.*	Brésil.
Aumonti, *Muls.*	Cafrerie.
Rufo-vittata, *Muls.*	Brésil.

Notivestis, *Muls.*	Indes bor.

DIORIA, *Muls.*

Sordida (*Melly*), *Muls.*	Chili.
Setigera, *Muls.*	Brésil, Chili.

5e Famille. — **Scymniens.**

1re Branche. — **Cranophoraires.**

ORYSSOMUS (*Reiche*), *Muls.*

Subterminatus (*Reiche*), *Muls.*	Colombie.

CRANOPHORUS, *Muls.*

Quadrinotatus (*Boheman*), *Muls.*	Cafrerie, Cap de B.-Esp.
Notatulus (*Melly*), *Muls.*	Cap de B.-Esp.

2e Branche. — **Noviaires.**

NOVIUS, *Muls.*

Cruentatus, *Muls.*	Europe.
Sanguinolentus, *Muls.*	Australie.

3e Branche. — **Aspidiméraires.**

ASPIDIMERUS, *Muls.*

Spencii, *Muls.*	Inde sept.
Ariasi, *Muls.*	Indes orient ?
Fulvo-cinctus, *Muls.*	Asie.

CRYPTOGONUS, *Muls.*

Orbiculus, *Schoenherr.*	Indes orient.

4e Branche. — **Cryptolaemaires.**

CRYPTOLAEMUS.

Montrousieri, *Muls.*	Australie.

5e Branche. — **Platynaspiaires.**

PLATYNASPIS, *Redtenbacher.*

Kollari, *Muls.*	Sénégal.
Villosa (*Geoffroy*), *Fourcroy.*	Europe.
Bisiguata, *Muls.*	Madagascar.
Solieri, *Muls.*	Afrique.

6e Branche. — **Scymniaires.**

PHARUS, *Muls.*

Sex-guttatus, *Schoenherr.*	Cap de B.-Esp., Sénégal.
Quadristillatus, *Muls.*	Cafrerie.
Rouzeti, *Muls.*	Cap de B.-Esp.

SCYMNUS, *Kugelann.*

(G. *Diomus*.	
Thoracicus, *Fabr.*	Amérique mérid.
{ Ochroderus, *Muls.*	Ile St-Barthélemy.
{ *Dichrous* (Chevr.), Muls.	Amér.
{ *Var ? Cyanipennis* (Buq.), Chevr.	Amér.
{ *Id ? Xanthaspis*, Muls.	Floride.
Terminatus, *Say.*	Amér. septent.
Roseicollis, *Muls.*	Cuba.
Margipallens, *Muls.*	Brésil.
Albidicollis, *Muls.*	Amér. mérid.
{ Seminulus, *Muls.*	Brésil.
{ *Var ? Morio*, Muls.	*Id.*
Myrmidon (*Dej.*), *Muls.*	Amér. sept.
{ Tardus, *Muls.*	Brésil.
{ *Piger* (Chevr.), Muls.	*Id.*
Pallidipennis (*Reiche*), *Muls.*	Nouvelle Grenade.
Flexibilis, *Muls.*	Inde septent.
Tantillus (*Dej.*), *Muls.*	Colombie.
Rubidus, *Motsch.*	Géorgie.
(G. *Zilus*).	
Fulvipes (*Reiche*), *Muls.*	Cayenne.
(G. *Nephus*).	
Quadrilunulatus, *Illiger.*	Europe.

Quadrivittatus, *Muls.*	Cap de B.-Esp.
Incinctus, *Muls.*	Russie asiat.
Oblongo-signatus, *Muls.*	Ile Maurice.
Redtenbacheri, *Muls.*	Europe.
Bioculatus, *Muls.*	Amér. sept.
Var ? Marginellus, Muls.	*Id.*
Id ? Guttiger, Muls.	*Id.*
Id ? Bipustulatus (Dej.).	*Id.*
Biverrucatus, *Panzer*,	Europe
Martis, *Muls.*	Asie.
Bipustulatus, *Motschoulsky.*	Géorgie.
Obscurus (*Dej.*), *Muls.*	Amér. mér.
Castanopterus, *Muls.*	Russie.
Kiesenwetteri, *Muls.*	Sicile.
Bistillatus, *Muls.*	Asie.
Levaillanti, *Muls.*	*Id.*
(G. *Scymnus*).	
Nigrinus, *Kugelann.*	Europe.
Pygmæus (*Geoffroy*), *Fourcroy.*	*Id.*
Americanus, *Muls.*	Amér. sept.
Pallipes (*Motschoulsky*) *Muls.*	Caucase.
Rosenbaueri, *Muls.*	Cafrerie.
Corpulentus (*Motschoulsky*), *Muls.*	Transcaucasie.
Marginalis, *Rossi.*	Europe.
Scapuliferus, *Muls.*	Cafrerie.
Apetzii, *Muls.*	Europe.
Ahrensii (*Kuester*), *Muls.*	Europe mérid.
Rufipes, *Fabr.*	Afrique sept.
Icteratus (*Reiche*), *Muls.*	Amér. sept.
Frontalis, *Fabr.*	Europe.
Quadrivulneratus, *Muls.*	Russie asiat.
Inderihensis (*Motsch.*), *Muls.*	Turkestan.
Constrictus, *Muls.*	Ile Maurice ?.
Nubilus, *Muls.*	Assam.
Morelleti, *Muls.*	Cafrerie.
Curtisii, *Muls.*	Assam.
Fonscolombii, *Muls.*	Brésil.
Abietis, *Paykull.*	Europe sept.
Venalis, *Muls.*	Inde bor.
(G. *Sidis*).	
Binævatus, *Muls.*	Cafrerie.
Volgus, *Muls.*	Caracas.

(G. *Pullus*).

Fasciatus, *Geoffroy*, *Fourcroy*.	Europe.
Juniperi, *Motsch.*	Géorgie.
Viaticus, *Muls*.	Brésil.
Thiollierii, *Muls.*	Cafrerie.
O-nigrum, *Muls*,	Inde bor.
Casstroemi, *Muls.*	*Id.*
Guimeti, *Muls.*	Europe. mér.
Arcuatus, *Rossi.*	Europe centr.
Impexus (*Mœrkel*), *Muls.*	Chine.
Xerampelinus, *Muls.*	Inde bor.
Argutus (*Motsch.*), *Muls.*	Arménie.
Inclytus, *Muls.*	Brésil.
Lœwii, *Muls.*	Mexique.
Floralis, *Fabr.*	Antilles.
Discoïdeus, *Illiger.*	Europe.
Scutellaris, *Rey*, *Muls.*	*Id.*
Pallidivestis, *Muls.*	Egypte.
Anomus, *Muls.* et *Rey.*	Hyères.
Alpestris. *Muls.* et *Rey.*	Briançon.
Quercûs (*Motsch.*), *Muls.*	*Id.* ?
Phlœus, *Muls.*	Iles d'Amér.
Brullei, *Muls.*	Floride.
Cervicalis, *Muls.*	Amér. sept.
Melanogaster, *Muls.*	Caracas.
Auritulus, *Muls.*	Mexique.
{ Creperus, *Muls.*	Etats-Unis.
{ *Var* ? *Astutus* (Pilate), Muls.	*Id.*
Pallidicollis, *Muls.*	Asie.
Analis, *Fabr.*	Europe.
Pyrocheilus, *Muls.*	Calcutta.
Hœmorrhoïdalis, *Herbst.*	*Id.*
Chatchas, *Muls.*	Amér sept.
Fastigiatus, *Muls.*	*Id.*
Apicalis (*Klug.*), *Muls.*	Mexique.
Plutonus, *uls.*	Madagascar.
Limbaticollis (*Reiche*), *Muls.*	Nouv. Grenade.
Guttifer, *Muls.*	Narbonne.
Capitatus, *Fabr.*	Europe.
Tenebrosus, *Muls.*	Amér. sept.
Thelys, *Muls.*	Yucatan.

{ Lacustris (*Leconte*). *Muls.*	Yucatan
{ *Var ? Nigrivestis*, Muls.	
Pilatii, *Muls.*	Mexique.
Fraxini (*Motsch*), *Muls.*	Géorgie.
Ater, *Kugel.*	Europe.
Biguttatus (*Motsch.*), *Muls.*	Déserts des Kirg.
Testaceus, *Motsch.*	Caucase.
Laboulbenii, *Muls.*	Brésil.
Cyanescens (*Dej.*), *Muls.*	Améri. sept.
Watherhousii, *Muls.*	?
Minimus, *Paykull.*	Europe.
Fulvicollis, *Muls.*	France.
Gilvifrons (*Motsch.*), *Muls.*	Géorgie.
Biflammulatus, *Motsch.*	*Id.*
Formicarius (*Motsch.*), *Muls.*	Sibérie orient.
Deyrollii, *Muls.*	Cafrerie.
Oblongus, *Muls.*	*Id.*

CLANIS, *Muls.*

Pubescens, *Fabr.*	Indes orient.

COELOPTERUS, *Muls.* et *Rey.*

Salinus, *Muls.* et *Rey.*	France mérid.

BUCOLUS.

Fourneti, *Muls.*	Australie.
Sollicitus, *Muls.*	Cayenne.

7e Branche. — **Rhizobiaires.**

PLATYOMUS, *Mulsant.*

Forestieri, *Muls.*	Australie.
Lividigaster, *Muls.*	Australie.

HAZIS.

Menouxii, *Muls.*	Brésil.

RHIZOBIUS. *Stephens.*

(G. *Axius*).	
Burmeisteri, *Muls.*	Cap de Bon.-Esp.
(G. *Rodatus*).	
Bajulus (*Melly*), *Muls.*	Nouv. Hollande.
Carnifex, *Muls.*	Australie.
(G. *Rhizobius*).	
Discolor, *Erichs.*	Nouv. Hollande.

Ventralis, *Erichs.*	Van-Diémen.
Xanthurus (*Schaum*), *Muls.*	Nouv. Hollande.
Evansii, *Muls.*	Aélaïde.
Litura, *Fabr.*	Europe.
Discimacula (*Ziegl.*), *Muls.*	*Id.*
Javeti, *Muls.*	Cap de Bon.-Esp.

6e Famille. — **Coccidulliens.**

—

COCCIDULA, *Kugelann*

Scutellata, *Herbst.*	Europe.
Rufa, *Herbst.*	*Id.*

Ajoutez

Au genre COELOPHORA : après la Caliginosa,
Gratiosa, *Muls.* Nouvelle Hollande.

Au genre ORCUS : avant le Pallidilabris,
Peleus, *Muls.* ?

Au genre CLEOTHERA : après la Suturella,
Micilla, *Muls.* Caracas.

Au genre HYPERASPIS : après la Trimaculata,
Quadrina, *Muls.* Brésil.

ADDENDA.

Au genre CALVIA ?
Pallideguttata. Asie.

Au genre PENTILIA ?
Testivestis. ?

Au genre SCYMNUS.
Bilucernarius, *Muls.*
Albipes, *Muls.*
Atomus, *Muls.*

Ouvrages du même Auteur.

Lettres a Julie sur l'Entomologie. *Paris*. 1830. 2 vol. in-8.

Histoire naturelle des Coléoptères de france.

— Longicornes. *Paris*. 1839. 1 vol. in-8.

— Lamellicornes. *Paris*. 1842. 1 vol. in-8.

— Palpicornes. *Paris*. 1844. 1 vol. in-8.

— Sulcicolles. — Securipalpes. *Paris*. 1846. 1 vol. in-8.

Spéciès des Coléoptères trimères sécuripalpes. *Lyon et Paris*. 1850-1851. 1 vol. en deux parties grand in-8.

Opuscules entomologiques grand in-8°.

— 1er cahier. 1852.

— 2me cahier. 1853.

Sous presse :

Histoire naturelle des Coléoptères de France, suite.

— Hétéromères.

Opuscules entomologiques grand in-8°.

— **4me cahier.**

Lyon, imprim. de F. Dumoulin, rue Centrale, 20.

www.ingramcontent.com/pod-product-compliance
Ingram Content Group UK Ltd.
Pitfield, Milton Keynes, MK11 3LW, UK
UKHW020121200726
13856UKWH00002B/658